书山有路勤为径，优质资源伴你行
注册世纪波学院会员，享精品图书增值服务

敏捷产品管理

用Scrum创建客户喜爱的产品

Agile Product
Management with Scrum
Creating Products that Customers Love

[德] 罗曼·皮克勒（Roman Pichler） 著

刘 立 管婷婷 译

电子工业出版社
Publishing House of Electronics Industry
北京 · BEIJING

Agile Product Management with Scrum: Creating Products that Customers Love
ISBN: 9780321605788
Authorized translation from the English language edition, entitled Agile Product Management with Scrum: Creating Products that Customers Love 1e by Roman Pichler, published by Pearson Education, Inc., Copyright © 2010 Roman Pichler.

CHINESE SIMPLIFIED language edition published by PUBLISHING HOUSE OF ELECTRONICS INDUSTRY Copyright © 2023.

版权贸易合同登记号 图字：01-2022-2067

图书在版编目（CIP）数据

敏捷产品管理：用 Scrum 创建客户喜爱的产品/（德）罗曼·皮克勒（Roman Pichler）著；刘立，管婷婷译. —北京：电子工业出版社，2023.9
（项目管理核心资源库. 敏捷项目管理）
书名原文：Agile Product Management with Scrum: Creating Products that Customers Love
ISBN 978-7-121-46305-1

Ⅰ.①敏… Ⅱ.①罗… ②刘… ③管… Ⅲ.①软件开发—项目管理 Ⅳ.①TP311.52

中国国家版本馆 CIP 数据核字（2023）第 172963 号

责任编辑：卢小雷
印　　刷：涿州市京南印刷厂
装　　订：涿州市京南印刷厂
出版发行：电子工业出版社
　　　　　北京市海淀区万寿路 173 信箱　邮编　100036
开　　本：720×1000　1/16　印张：11.25　字数：111 千字
版　　次：2023 年 9 月第 1 版
印　　次：2023 年 9 月第 1 次印刷
定　　价：68.00 元

凡所购买电子工业出版社图书有缺损问题，请向购买书店调换。若书店售缺，请与本社发行部联系，联系及邮购电话：（010）88254888，88258888。
质量投诉请发邮件至 zlts@phei.com.cn，盗版侵权举报请发邮件至 dbqq@phei.com.cn。
本书咨询联系方式：（010）88254199，sjb@phei.com.cn。

赞　誉

尽管产品负责人在敏捷项目中扮演着最难的角色，但他们常常求助无门。本书改变了这一点。作者对产品负责人所承担的职责有着深刻的见解，并且给出了很多实用的建议。正确运用他的建议，任何产品负责人和敏捷团队都将受益匪浅。

——迈克·科恩（Mike Cohn）

《敏捷软件开发》《敏捷估算与规划》《用户故事》作者

产品负责人如何在 Scrum 中实现最大价值，很多人对此并不清楚。大多数产品经理和产品营销经理都不知道如何利用 Scrum 的迭代、增量特性来实现价值。本书填补了这一空白。

——肯·施瓦布（Ken Schwaber）

Scrum 联合创始人

讨论如何将敏捷方法与产品管理相结合的著述并不多，而本书无疑做出了巨大的贡献。本书为如何成为敏捷产品经理和产品负责人提供了清晰的指南和大量的案例，甚至还阐述了如何运用强大的愿景来领导。对于刚接触 Scrum 的产品经理、刚接触产品管理的产品负责人，以及任何希望发挥敏捷最大价值的产品经理们来说，本书不可或缺。

——格雷格·科恩（Greg Cohen）

独立顾问，硅谷产品经理联盟（SVPMA）理事

我很乐意听听作者的新想法。我喜欢本书，因为作者不仅分享了他的亲身经历（"常见错误"的内容特别棒），还分享了这个领域其他专家的智慧。两者结合起来，使作者看得更远，并有机会将其愿景分享给我们。谢谢你！

——琳达·瑞辛（Linda Rising）

独立顾问，《勇往直前：企业变革 48 式》作者

这本引人瞩目的著作聚焦于产品及产品负责人角色，并将 Scrum 融入了整个价值链。本书作者有着丰富的教练经验，可以针对产品生命周期内我们能想到的所有情境给出周全且可行的解决方案。本书是所有从事敏捷产品管理的人必备的指南。

——马库斯·安德烈扎克（Markus Andrezak）

mobile.international GmbH 外包产品开发经理

这本有关产品负责人的书读起来令人愉快，它全面描述了 Scrum 产品负责人这一角色。书中强调了愿景和领导力的重要性，讨论了最小适销产品和短发布周期。对于产品负责人新手来说，本书可以帮助他们迅速进入角色，也为管理层物色理想的产品负责人提供了有价值的建议。

——安德里亚·赫克（Andrea Heck）

敏捷转型项目经理

产品负责人在 Scrum 中扮演着至关重要的角色，本书广受赞誉，能够助力产品负责人取得成功。

——克雷格·拉曼（Craig Larman）

《精益和敏捷开发大型应用指南》

《精益和敏捷开发大型应用实战》作者

作者以严谨的方法使 Scrum 回归其本质，检验并建立了产品负责人的基本概念。对团队协作的关注，使得以流程为中心的 Scrum 观点得到了支持，展示出产品负责人如何改变并挑战传统的项目运行方式。作者通过分析自己和他人的亲身经历，清楚地展示了 Scrum 产品负责人是如何解决那些常见问题的，并给出了大量成功和失败的真实案例。书中包含了很多实用技巧，适合任

何希望从事管理工作或成为 Scrum 产品负责人并使用 Scrum 成功
发布产品的人。

——西蒙·贝内特（Simon Bennett）

EMC Consulting 全球竞争力领袖和产品负责人

对于敏捷产品经理、产品负责人、商业分析师以及任何希望
成为优秀敏捷产品经理的人，本书注定是他们不可或缺的参考
书。在敏捷规划、产品待办列表的维护，以及愿景、评估、协作
的基本活动等方面，作者都分享了实用的技巧和具体的指南。本
书有助于你提高对敏捷产品管理中复杂性和多样化特质的认知。
除此以外，本书还可以让所有敏捷团队成员获益，因为每个成功
的敏捷团队都会像产品经理那样思考问题。

——艾伦·戈特斯迪纳（Ellen Gottesdiener）

EBG Consulting 总裁和创始人

敏捷软件开发是指用短期迭代来渐进式地将需求转化为可工
作的软件。本书回答了产品型组织的一个最重要的问题：我们是
在开发正确的产品吗？对于本书，大家期待已久，因为作者将一个
宏大的愿景转化为有意义且易于理解的需求。他为那些渴望降低开
发成本和缩短新产品上市时间的产品经理和主管们提供了一个全面

的 Scrum 框架。

———约亨·克雷布斯（Jochen Krebs）

《敏捷产品组合管理》作者

这本有关敏捷产品管理的著作清晰地描绘了产品负责人这个角色的重要性、面临的挑战及遭遇的陷阱。众多实际案例着重强调了常见的错误，在每章最后还提供了反思，通过这种形式，使产品负责人的职责浅显易懂，具有很强的操作性。任何希望实施Scrum 的组织都应读一读本书。

———杰西卡·希尔德鲁姆（Jessica Hildrum）

挪威首家敏捷培训公司前 CEO

所有成功的敏捷开发团队的灵魂人物，都是一位有远见卓识的、专职的并被充分授权的产品负责人。本书对这一角色给出了一个简单且严谨的定义，可以引导任何 Scrum 团队取得意想不到的成果。如果你希望深刻领会这一角色在敏捷开发中的精髓，就一定要读读本书。对于每位产品负责人新手，本书都是必读之作。

———史蒂夫·格林（Steve Greene）

Salesforce 公司项目管理与敏捷开发副总裁

序 一

对于大部分公司来说，产品负责人是一个新角色。本书用生动、易懂的语言将这个角色描绘了出来。当年，在选定第一个产品负责人时，我正在 Object Technology 公司担任副总裁，负责交付首款用 Scrum 开发的产品。这款新产品是一个开发工具，它既能成就公司，也能毁掉公司。为了改变市场格局，我需要在 6 个月内交付新产品。为了做好这件事，我除了要精挑细选一个小团队，还要围绕这款新产品的交付将整个公司组织起来。在距离产品发布还有几个月时，我清楚地意识到，这款新产品的成败取决于是否选对了最小特性集。只有花时间与客户讨论，密切地观察竞争对手，才能准确地确定特性集的优先级排序，并将这些特性分解成一个个小的产品待办列表，以便用于团队开发。而我发现，我已经没有足够的时间了。

我已经把我的工程职责交给了首位 Scrum Master——约翰（John Scumniotales），现在，我还需要一位产品负责人。我将公司的所有人力资源翻了个遍，从产品管理团队中选出了一位我认为最理想的人员——唐（Don Roedner），来担任首位产品负责人。唐负责制订产品愿景、业务规划、产品收益计划、路线图及发布计划，更重要的是，他要为团队准备一份经过精心梳理的、优先级排序准确的产品待办列表。

唐将自己的工作分为两部分，一部分与团队在一起，另一部分与客户在一起。唐的职责是交付正确的产品，我的职责是协调整个公司的各个部门，关注产品名称、品牌推广、营销战略和传播、销售计划和培训，同时，还要参加 Scrum 会议，为团队清除主要障碍。唐要承担比产品营销经理更大的责任，猛然之间，他开始对一系列全新的业务工作负起责任。同时，他还要"深入"工程团队，在日常工作中为团队答疑解惑，鼓舞士气。对他来说，同时专注于市场和团队是一种完全沉浸式的体验。

优秀的产品负责人要对成功有很强的关注度和责任感——本书对这一点给出了清晰的描述，但在产品型公司或 IT 团队中很少见到。我们既要描绘出伟大的产品负责人的生动形象，又要给出如何扮演好这一角色的细节。毫无疑问，本书是一本出色的指南。

杰夫·萨瑟兰（Jeff Sutherland）

Scrum 联合创始人

序　二

整个软件行业正在发生一场伟大的变革——敏捷运动。在过去的二十年间，越来越多的客户、合作伙伴和员工对我们开发企业技术解决方案的方法感到失望。这些解决方案往往质量低下，经历数年才能进入市场，而且，针对真实的商业问题，这些解决方案还缺乏必要的创新。

在 Salesforce 公司，我们渴望通过客户和员工的双赢，将公司打造成一家与众不同的软件公司。我们知道，继续采用传统的软件交付方法是无法实现这一愿景的。我们必须重新思考这个模式，打破已有的格局，才能找到更好的方法。我们自问，是否有一种方法能及时交付高质量的软件？是否有一种方法能更早地、更频繁地为客户创造价值？是否有一种方法能让创新的规模随着公司的发展而变大？事实上，方法是有的。

作为 Salesforce 公司的首席产品负责人，我要找到一种方法，让我的产品经理将客户需求、业务要求与开发团队有效地连接起来，同时，还能做出动态、灵活的反应。通过采用 Scrum，我把向客户交付价值的职责全权交给了产品经理。这使产品经理能指导团队优先开发最关键的业务特性，并尽快将产品交付到客户手中。这还赋予他们极大的灵活性，可针对不断变化的市场条件、竞争压力做出迅速的回应，并通过开发团队的奇思妙想交付极佳的创新产品。在本书中，你会看到产品负责人与传统产品经理的区别——产品负责人对产品成败承担着更大的责任。

很多人都试图解读产品负责人这一角色，但没有人能像本书作者那样抓住了这个角色的本质。本书介绍的敏捷产品管理理论和实践都非常吸引人，可用于指导产品负责人、Scrum 团队成员和高管们的创新实践。本书提供了很多真实世界的案例（来自类似 Salesforce 公司这样具有很强创新竞争力的组织），同时，对交付创新产品的最小功能做了深入浅出的解释，还指出了产品负责人常遇到的困难和常犯的错误。

在当今快速变化、充满竞争的市场环境中，客户的期望和要求之高是前所未有的。在 Salesforce 公司，敏捷方法取得了显著的效果，产品负责人交付了更多的创新产品、更多的价值。如果你想获得类似的成功，本书就非常适合你。而且我十分确信，对你来说，书中所描述的工具、方法和建议都是完美的指导。

布雷特·奎纳（Brett Queener）

Salesforce 公司首席产品负责人

前　　言

在敏捷软件开发及产品管理领域，已有一大批好书。但至今，仍缺一本全面描述在敏捷环境下进行产品管理的书。似乎，敏捷专家都在回避这一主题，而产品管理专家则仍在敏捷世界中苦苦摸索。随着越来越多的公司开始采用 Scrum，如何在 Scrum 环境下更好地进行产品管理显得尤为迫切。本书尝试对这个问题给出答案。

我第一次接触敏捷实践是在 1999 年。当时，业务人员和技术人员之间的密切协作令我印象最深。在那之前，我一直认为软件开发属于技术问题，对此有兴趣的只会是技术人员，而不是业务人员。2001 年，我第一次教练敏捷项目，最大的挑战就是帮助产品经理实现敏捷转型。从那时起，在我做顾问的那些公司中，产品负责人制度一直是这些公司的最大挑战，当然也是影响公司成功的主要因素：这不仅关乎能否开发出成功的产品，还关乎能否发挥 Scrum 的作用。在 Salesforce 公司负责敏捷转型的克里斯和史蒂夫曾经说：

"我们的设想一经提出，就有很多专家说，产品负责人角色是敏捷转型成功的关键因素。虽然我们凭直觉意识到了这一点，但并没有真正理解产品负责人到底能带来多大的转变。"

为什么敏捷产品管理与众不同

Scrum 敏捷产品管理（新派）与老派的产品管理有很多不同。表 0.1 总结的是一些重要的区别[①]。

表 0.1　老派产品管理与新派产品管理

老　派	新　派
由若干个角色（如产品营销经理、产品经理、项目经理）共同承担产品上市的责任	由一个人（产品负责人）负责产品并领导项目。详细内容见第 1 章和第 6 章
产品经理与开发团队是分开的，按流程、部门和设施划分	产品负责人是 Scrum 团队中的一员，并与 Scrum Master 和团队密切协作。详细内容见第 1 章、第 3 章和第 5 章
提前进行广泛的市场调查、产品规划、商业分析	通过很少的前期工作来创建愿景，描绘产品的大致外观和功能。详细内容见第 2 章
提前进行产品探索和定义，需求是详细的并在早期就被冻结	产品探索工作是持续进行的，需求会自然涌现。没有产品定义阶段，也没有市场需求规格或产品需求规格。产品待办列表是动态的，其内容会根据客户和用户的反馈而演进。详细内容见第 3 章
很晚才收到客户反馈，往往是在市场测试或产品发布之后	早期的和频繁的发布，加上冲刺评审会议，可以从客户和用户那里收集有价值的反馈，有助于开发出客户喜爱的产品。详细内容见第 4 章和第 5 章

---

① 这里用的是施瓦布（Schwaber，2009）提出的Scrum角色名。

包括 Scrum 在内的敏捷方法坚持着一个古老的信念：唯一不变的是变化。西奥多·莱维特在其 1960 年出版的《营销近视》中写道："如果你自己公司的研发部门没有将某个产品淘汰，那么其他公司会帮你淘汰它。"克里斯坦森（Christensen，1997）则认为，颠覆式创新是每个行业都不可避免的。唯一无法确定的是发生的时间和频率。不能迅速适应的公司将被淘汰出局——即使它们目前的利润还不错。幸运的是，Scrum 的实证主义特征使其能很好地接纳新事物和创新，并能应对充满变化的和不可预测的复杂情况。如果你所处的商业环境也以变化为特征，那么你会发现，Scrum 是你坚强的"盟友"。

本书的内容和读者对象

本书面向所有对敏捷产品管理感兴趣的读者，特别是正在担任产品负责人或者正要转型为这个角色的读者。本书讨论了产品负责人角色和一些基本的产品管理实践，包括：产品愿景；梳理产品待办列表；规划和跟踪发布；用好 Scrum 会议；向新角色转型。本书是实操性的指南，可以帮助你高效运用 Scrum 敏捷产品管理技巧。本书聚焦于软件产品，包括从简单的软件应用到复杂的产品（如移动终端）。

请注意，本书不是产品管理的入门书，也不是 Scrum 的入门书。当然，本书更不是产品管理的"灵丹妙药"。实际上，很多产品管理知识本书都没有涉及。本书主要关注 Scrum 环境下的产品管理概念和实践。

对于本书的读者，我假设你对 Scrum 已经很熟悉，并且拥有产品管理方面的工作经验。有关 Scrum 的相关描述，请参阅施瓦布和比德尔的著作。

我希望本书能帮助你创建客户喜爱的产品：产品对用户有益处，同时开发方法健康、可持续。

目　录

第 1 章

理解产品负责人的角色

1

多年前，我曾负责开发一款新的保健产品，以替代老款产品。大家希望这款新产品能为客户提供更多的价值，并超越竞争产品。新产品的开发历时两年多。带着巨大的期望，新产品发布了，但惨遭失败。

问题出在哪里？就出在创意与发布间的某个阶段。虽然很难确定具体的阶段，但可以明确的是，在一次又一次的移交中，产品愿景丢失了。营销人员负责市场调研，撰写产品概念，并将其移交给产品经理。产品经理撰写需求规格说明书，并将其移交给项目经理。项目经理又将其移交给开发团队。在整个过程中，没有人真正对创造一个成功的产品负责，人们也没有对产品外观和性能有共同的愿景。每个参与者都有不同的观点，不同的愿景。

如何解决问题？必须有专人对产品负起责任，这样的人员被称为产品负责人（Product Owner）。本章将讨论产品负责人的角色，包括该角色的权力、责任以及如何设置该角色。

1.1 产品负责人的角色

在《Scrum 指南》（Schwaber，2009）中，肯·施瓦布写道：产品负责人是产品的唯一责任人，他负责管理产品待办列表，确保团队交付成果的价值；他维护产品待办列表，确保它对所有人可见。

这个定义在理论上未必深刻，但在实践中意义重大。产品负责人的职责是带领开发团队创造出一个能产生预期收益的产品。具体职责包括：创立产品愿景；梳理产品待办列表；制订发布计划；与客户、用户、干系人合作；管理预算；准备产品发布；参加 Scrum 会议；与团队成员合作。产品负责人的角色非常关键，不仅负责新产品的孕育和出生，还要对其整个生命周期进行管理。由专人负责产品的全生命周期，确保了连续性并减少了移交，同时还鼓励了长期思维。SAPAG 的一项调查揭示了这一做法的更多收益：当员工以产品负责人的角色工作时，会变得更自信，更有影响力，更引人注目，更有组织性，更富有动力（Schmidkonz，2008）。

成为产品负责人并不意味着成为孤家寡人。作为 Scrum 团队的成员，产品负责人与团队其他成员的合作将更加密切。当 Scrum Master 和团队支持产品负责人并一同梳理产品待办列表时，产品负责人有理由相信产品开发一定能顺畅完成。

一个有趣的话题是，如何将产品负责人的角色与传统角色进行比较。这里所谓的传统角色是指产品经理或项目经理。当然，任何比较都未必公正。产品负责人是一个新的、多面手式的角色，对传统上分散在不同角色（如客户、发起人、产品经理、项目经理）中的权力和责任进行了整合。具体区别就在于情境的不同（Context-Sensitive）：不同的产品特性、不同的产品生命周期、不同的项目规模等因素。例如，某产品负责人负责的是一个由软件、硬件和机械部件组成的新产品，与负责网络应用程序改进的人相比较，产品负责人需要的能力是截然不同的。同理，与只负责一两个团队的人相比，大型 Scrum 项目的产品负责人需要的能力也是不同的。

对于商业产品，产品负责人更像客户代表，如产品经理或营销人员。当为某个 B 端组织开发产品时，例如，某个外部客户需要一个新的数据仓库解决方案，或者某个内部客户（如市场部）需要进行网站更新，其实，实际的客户往往会承担产品负责人这个角色。我曾经与客户、用户、业务线经理、产品经理、项目经理、商业分析师和架构师合作过，在某种特定情境下，他们很好地扮演了产品负责人的角色，甚至 CEO 也可以扮演产品负责人的角色。以 Ript（一种可视化的规划软件，用户可将图片和文本从一个应用程序剪切并粘贴到另一个应用程序）为例，该软件的创意来自氧气媒体公司（Oxygen Media）的首席执行官格里·莱伯恩，他在开发该软件的第一个版本中扮演了产品负责人的角色（Judy，2007）。

1.2　产品负责人的理想特征

选择正确的产品负责人对于任何 Scrum 项目都是至关重要的。与我合作过的那些成功的产品负责人都有一些下文描述的共同特征。由于产品负责人是一个新的角色，要转型至该角色，每个人都需要一定的时间和支持，以获得必要的技能。只有经验丰富，知识达到一定的广度和深度才能做好这项工作，因此企业普遍面临的挑战是，如何才能找到这类人才。（我将在第 6 章讨论如何培养以及如何转型为产品负责人。）

1.2.1 远见卓识与脚踏实地

作家乔纳森·斯威夫特观察到：描绘愿景是一项看到别人所未见的艺术。产品负责人是一位有远见的人，他能够想象出产品的终极形态，并将这种愿景传播出去。产品负责人还是一位实干家——见证愿景的最好办法就是自己把产品做出来。产品负责人善于描述需求，善于与团队紧密合作，善于接受或拒绝工作成果，善于跟踪和预测进程以掌控项目。产品负责人还是一位创业者，他能激发团队的创造力，鼓励创新，同时他对变化、模糊、争辩、冲突、游戏乃至实验都抱有宽容态度，他深知冒险的价值。

1.2.2 领导者与团队成员

通用电气前董事长兼首席执行官杰克·韦尔奇说："优秀的企业领导者创建愿景，表达愿景，热情地拥抱愿景，并坚持不懈地推动其实现。"产品负责人就是这样的领导者。他对产品成败承担全部责任，为开发工作的每位参与者提供引导，明确方向，并对开发中的棘手问题做出正确的决定。例如，选择推迟发布日期还是选择交付更少的功能？与此同时，产品负责人也是一位团队成员，他依赖与 Scrum 团队各个成员的密切合作，但对他们无法行使正式的权力。我们可以把产品负责人视为首席代表（Primus

Inter Pares），视为同行中的首席产品责任人。

产品负责人具有领导者和团队成员的双重属性（产品负责人必须遵循的要求）。产品负责人拥有决策控制权，这意味着其管理风格不应该是优柔寡断或放任自流的。他应该成为创新流程的引导人，对项目加以引导，并使决策过程成为一个达成团队共识的过程。以团队协作的方式来做出产品决策，能够赢得团队的支持，激发团队的创造力，利用所有人的智慧，并产生更好的决策。采用这种工作方式，要求产品负责人要具有很强的引导能力和耐心，因为新方案是基于各种不同的想法和观点综合而成的，团队成员之间的异议和争论是难免的。卡尼尔与其合著者在协同决策及引导方法方面给出了很多有用的建议（1996）。

创业团队

我们常常会把注意力放在某个人身上，像比尔·盖茨、史蒂夫·乔布斯这样的知名企业家和杰出领导者。但事实上，创新很少是某个个人的天才之举。即使产品负责人恰好是某位"创新先生""创新夫人"，他仍然需要一个团队才能将产品变为现实。没有哪位天才企业家能保证其每个决策都是对的。神经科学方面的研究表明，即使在正确的时点、正确的岗位上安排最正确的人，也可能做出错误的决策——如果这个决策是由那个人独自做出的。芬克尔斯坦与其合著者认为，这与人类的认知方式有关（2009）。他们建议，至少应再找一个人给出一些辅助建议。团队成员之间互相切磋，有助于测试各种想法并最终做出正确决策。皮克斯公司的总裁艾德文·卡特姆说："……如果你将一个稀松平常的想法交给一个优秀团队，他们要么将其修改，要么将其丢掉，然后搞出一个有用的东西来。"

俗话说得好：三个臭皮匠，赛过诸葛亮。

1.2.3　沟通者与协调者

产品负责人应该是一位高效的沟通者和协调者，他要联系各方，包括客户、用户、开发和工程人员、市场人员、销售人员、服务人员、运营和管理人员，并与他们进行沟通和对齐。产品负责人是客户的代言人，传递客户的需求，在"意愿"和"技术"之间架起桥梁。这意味着，他有时需要说"不"，有时又需要协商和妥协。

1.2.4　获得授权与承诺投入

产品负责人必须有足够的权威，有恰当级别的管理层支持，才能有效领导产品开发工作并使干系人达成一致。在 mobile.de

（德国最大的在线汽车销售公司），公司的高级管理层负责选出产品负责人，为其提供支持，并成为产品负责人的高级伙伴。这种紧密合作的关系使管理团队能够更好地理解各个项目的进展情况，尽早放弃那些不成功的项目。

若希望产品负责人在产品研发过程中更好地发挥领导作用，对其授权是至关重要的。产品负责人必须拥有适当的决策权，包括物色正确的团队成员，决定将哪些功能作为发布的一部分进行交付。在预算方面，产品负责人应得到充分信任，使其有能力营造一个激发创造力和创新的工作环境。产品负责人必须全身心地投入开发工作，成功的产品负责人应该是自信的、热情的、精力充沛的、值得信赖的。

1.2.5　时间与能力

产品负责人必须有充裕的时间和足够的能力，才能担负起这项伟大的工作。因此，产品负责人的工作通常是一份全职工作。为产品负责人留出充裕的时间，使其持续履行职责是非常重要的。如果使其处于超负荷工作状态，就一定会干扰项目进程，导致最终产品无法达到最佳标准。产品负责人必须拥有的能力包括：对客户和市场有深入的理解；对用户体验充满激情；能与客户沟通需求，并能描述需求；能管理预算；能指导开发项目；能与跨职能、自组织团队建立良好合作。

PatientKeeper 公司的产品负责人

杰夫·萨瑟兰是顶级医疗保健系统集成供应商 PatientKeeper 公司的前任 CTO，也是 Scrum 的发明人。他对产品负责人在公司中应具有的权力和能力有如下阐释。

"产品负责人应该是某领域的专家，例如，在波士顿某顶级医院一周工作几天的执业医师……当然，他最好还是一位自己写过一些应用程序的工程专家……最好精通用户故事（User Story）、用例（Use Case）和常见软件的规格说明书，他既有通用技能又精于医疗保健领域……还擅长与客户和销售人员打交道以收集其需求，他能招募医师专家来对新功能原型进行测试……还能根据产品特性拓展商业、收入、客户和销售方面的关系，甚至能亲自编写用户故事和产品附加规格说明书，这将涉及所有与客户需求相关的分析。除了开发人员和团队，产品负责人得到的帮助并不多。我们之前聘请的好几个人都无法胜任。通过反复培训、教练并选拔合适的人员，我们最终做到了。"

1.3　与团队合作

如前所述，产品负责人是 Scrum 团队的成员，依赖与 Scrum Master 和团队的密切协作。由于团队本身是自组织、跨职能和小规模的，团队应该拥有开发产品所需的所有角色。Scrum 团队的所有成员必须具有紧密、信任的关系，形成一种共生体，像同事那样工作。没有"你们""他们"，只有"我们"。

为了确保 Scrum 团队健康发展，在产品开发的全过程中要尽量减少团队成员的变化。对于由个体组成的群体，要成为真正的团队是需要一定时间的。所谓真正的团队，是一个紧密协作的单元，成员之间彼此信任、互相支持，能高效、协同地工作。团队成员的变化会使团队建设工作又回到起点，势必会影响团队的执行效率和自组织力。此外，要在产品与 Scrum 团队之间建立一种长期的伙伴关系，即每个产品都由一个或多个团队来专职开发。这不仅能促进学习，而且可以简化人员和资源的配置。

由于产品负责人、Scrum Master 和团队需要紧密协作才能实现可持续发展，所以 Scrum 团队的所有成员最好采用集中办公的方式。仍然以德国 mobile.de 公司为例，产品负责人、Scrum Master 和团队通过集中办公极大地提升了生产效率和士气。如果产品负责人无法与团队长期集中办公，就尽量多开一些面对面的会议。在每个冲刺中，远程产品负责人都应与团队在现场集中办公几天，这样做收效巨大。对于在同一地点工作但尚未集中办公的产品负责人，我推荐采用"1 小时法则"：产品负责人每天至少拿出 1 小时在团队办公室与团队共处。

团队的办公环境要有助于激发工作的创造力和协作力。工作环境要能促进沟通和互动，使人们愉快地工作。办公室中可以展示一些关键工件（Artifact，通常指愿景描述、高优先级的产品待办列表条目、软件架构图、冲刺待办列表、发布燃尽图、冲刺燃尽图等），以起到信息提示的作用。理想的办公环境应具有良好的平衡：既考虑了私人空间，又通过小型会议室实现了小组协作。

1.4　与 Scrum Master 共同协作

运动队要想长期维持最高的竞技水平，就需要有一个教练。与之类似，Scrum 团队也需要有一个教练：Scrum Master。Scrum Master 支持产品负责人和团队，保护团队和开发过程，并在必要时进行适当干预以确保工作节奏的可持续性，使团队保持健康和积极的状态，避免欠下技术债。

产品负责人与 Scrum Master 之间是相辅相成的关系：产品负责人主要负责"What"——创建正确的产品（正确的事）；Scrum Master 主要负责"How"——用正确的方式实施 Scrum（正确的方式）。图 1.1 对这两方面进行了具体的阐述。只有用正确的方式来创建正确的产品，才能取得持久的成功。

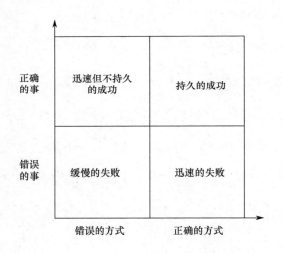

图 1.1　以正确的方式做正确的事

产品负责人和 Scrum Master 角色的设置就是为了彼此制衡，所以身兼二职会让人感到无所适从，也不可能长久。绝对不要让一个人同时担任 Scrum Master 和产品负责人这两个角色。

1.5　与客户、用户、干系人合作

客户是购买产品的人，用户是使用产品的人，他们决定了产品的成败。只有当足够多的客户购买产品，并且用户能从产品中受益时，才能说产品在市场上取得了成功。请注意，客户和用户不一定是同一个人。他们的需求也可能有差异。我们以电子表格软件为例，用户需求可能包括产品简单好用，生产率高。而如果购买产品的主体是公司（客户），公司可能更关注总体购买成本和数据的安全性。

为了开发成功的产品，产品负责人、Scrum Master 和团队必须深入理解客户和用户的需求，并了解如何最好地满足这些需求。实现这一目标的最佳方式就是，让客户和用户尽早且持续地参与开发过程。请客户对原型提供反馈，邀请客户代表参加冲刺评审会议，尽早地、频繁地发布软件，这些都是向客户学习的好办法。团队要始终牢记，产品只是达到目的（帮助客户；为开发产品的公司获得收益）的一种"手段"，而不是目的。正如西奥多·莱维特的那句名言："人们要的不是 1/4 英寸的钻头，而是 1/4 英寸的钻孔。"我们只有真正关注客户需求，才可能开发出最好的解决方案。

除了客户和用户，产品负责人还要与其他干系人打交道，如市场、销售和客服代表。要尽早并定期邀请他们参加冲刺评审会议。这些代表可以在会议上看到产品的进展，与 Scrum 团队互动，分享他们的问题、关注点和想法。布莱森（Bryson，2004）概述了一些有助于识别和分析干系人的方法。

产品营销代表和项目经理

有些公司将产品管理分为战略和战术两个方面，并分别设置了两种角色：产品营销代表和产品经理（技术性的）。产品营销代表面向外部，主要职责是了解市场，管理产品路线图，关注产品上市后的累积利润；产品经理面向内部，主要职责是描述详细的特性，排序优先级，与开发团队协同工作。在 Scrum 中，产品负责人将所有这些职责集于一身。在产品管理的战略方面，产品负责人从业务组合经理、副总裁，甚至 CEO 那里获得支持，具体取决于公司规模和项目的重要性。在定价及市场传播方面，产品负责人可以寻求产品营销代表和高级销售人员的支持。在产品管理的战术方面，产品负责人可以依靠 Scrum Master 和团队的支持。两个产品管理角色的融合可实现端到端的权力和责任的统一，避免频繁移交、等待和延迟，减少误解和缺陷。

你可能已经注意到：我没有提及 Scrum 团队中的项目经理角色。原因在于，在 Scrum 中，项目管理的责任不在某个人身上，而是被分解到 Scrum 团队成员中。例如，产品负责人负责管理发布的范围和日期，管理预算，沟通项目进展，管理干系人。团队成员负责识别、估算和管理任务。因此，项目经理的角色是多余的。当然，这并不是说永远不需要一位独立的项目经理。事实恰恰相反，一些当过项目经理的人往往能成为优秀的 Scrum Master。我就见过项目经理成功转型为产品负责人的例子。

1.6　产品负责人角色的延展

在描述产品负责人在大型 Scrum 项目中的实践之前，我想先提醒的是，避免大型项目。在起步阶段，要从小处着手，快速开发出最小功能产品（在第 2 章会讨论相关内容）。如果你不得不实施一个大型项目，那就慢慢地扩展规模，采用一次添加一个团队的方式，让项目有序地增加。在起步阶段，如果人员过多，会导致产品过于复杂，使未来的产品迭代既费时又费钱。

1.6.1　首席产品负责人

一个大型 Scrum 项目包括了众多的小型团队。每个团队都要有一位产品负责人，但一位产品负责人只能管理数量有限的团队。一位产品负责人在不超负荷或不忽略责任的前提下，可以管理多少个团队？这取决于一系列因素，包括：产品的新颖度、复杂度，以及团队的专业度。根据经验，一位产品负责人不可能长期同时管理两个以上的团队。如果一个项目的团队数量超过两个，多位产品负责人之间就需要互相协作。这似乎引发一个悖论：设置产品负责人的目的是让一个人负责整个项目，而大型Scrum 项目又出现了多位产品负责人。解决这一悖论的方法就是，由专人来负责创建和实现产品愿景。实际上，这样做等于形成了产品负责人协作的层级结构，总产品负责人或首席产品负责人位于顶层，好比餐厅里一起工作的大厨和主厨（有若干位大厨，但只有一位主厨）。

首席产品负责人对其他产品负责人进行指导，确保将各种需求顺畅地传递至各个团队，以使项目的整体进展达到最优。首席产品负责人既要促进共同做出决策，又要在无法达成一致时直接"拍板"。如果项目在起步时只有一个团队，这个最早团队的产品负责人通常会成为首席产品负责人。

1.6.2　产品负责人的层级

产品负责人的层级可以呈现出不同的复杂结构，从一个小型团队的一位首席产品负责人，到多层级协作的多位产品负责人。我们从简单的入手，对两者进行比较。

图 1.2 描述的项目组织结构包括了三个团队和三位产品负责人，一位产品负责人管理一个团队。这些产品负责人组成了一个产品负责人团队，角色 B 担任首席产品负责人。但即使有一位首席产品负责人，层级结构仍然是扁平的。我们来看一个项目组织机构的应用示例：客户 A 聘请了一个产品负责人团队来开发门户网站及其应用，该团队包括 4 位产品负责人和 1 位首席产品负责人，它们之间的关系非常紧密。每位产品负责人管理一个独立的应用。首席产品负责人负责整个产品，包括所有的应用和门户网站。

图 1.3 展示的是另一套适用于大型 Scrum 项目的层级结构，基于施瓦布的理论。图 1.3 展示的部分项目组织结构包含了 4 个层级和 9 位产品负责人。每位产品负责人都对下一层级的同事给予指导和帮助。处在最高层级的产品负责人（首席产品负责人）负责整个开发工作，对产品的成败负责。此时，所有产品负责人组

成了一个相当广泛的层级结构。

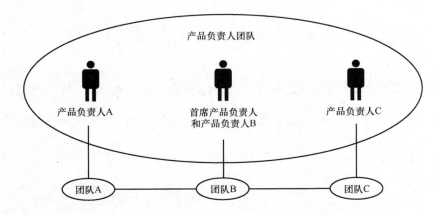

图 1.2　简单的产品负责人层级结构

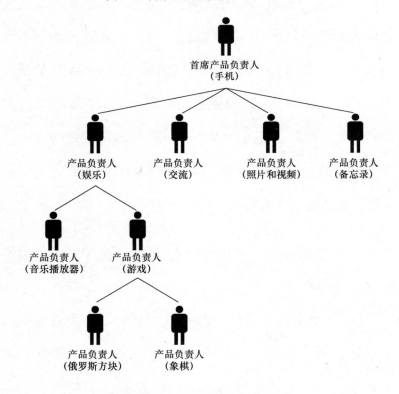

图 1.3　复杂的产品负责人层级结构

请注意，在复杂的产品负责人层级结构中，某位产品负责人对应某个专业领域。首席产品负责人领导整体产品开发工作，并与客户和其他干系人进行协调。下一层级的产品负责人更关注自己负责的特性或子系统，与开发团队的协作更密切。施瓦布说："产品负责人要对其下层的工作进行计划、组合、分配和跟踪。层级越高，产品负责人的工作难度越大。负责产品级工作的产品负责人通常要有副总裁级别或副总监级别的头衔和权力。"

1.6.3　选择正确的产品负责人

找到正确的人来担任产品负责人是非常有挑战性的，哪怕只需要一位产品负责人。如何为大型项目选择正确的产品负责人？理解大型项目中的多种团队建立方式，有助于回答这个问题。开发产品增量的团队有两种建立方式：按特性建立团队，或者按组件建立团队（Pichler，2008；Larman 和 Vodde，2009）。按特性建立的团队实现的是一组紧密联系的需求，如一个或多个主题或特性，其结果是一个切过软件架构主要部分的可执行的垂直切片。按组件建立的团队开发的是一个组件或子系统。

这两种团队建立方式是互相正交的：按特性建立的团队围绕产品待办列表中的条目来组织，按组件建立的团队围绕软件架构来组织。二者各有其优缺点。例如，按组件建立的团队能够确保架构的完整性和可重用性，但遗憾的是，无法实现以用户故事和用例表示的产品待办列表，而且需要详细的技术需求。此外，我们不得不将其工作成果整合起来以创建一个产品增量。两种方式都会增加管理费用。另外，按特性建立的团队通常可以并行工作，涉及的集成工作少一些，并且可以完成产品待办列表中提到的需求，但是，存在架构的完整性和可重用性问题。经验法则是，如果有可能，最好按特性来建立团队，除非必要，否则不要按组件来建立团队。

对于按组件建立的团队，产品负责人必须将产品待办列表转换为技术需求，所以这个角色最好由架构师或资深开发人员，而不是产品经理来担任。例如，如果某个项目由 3 个特性团队和 1 个组件团队组成，那么通常需要由 3 位产品经理和 1 位架构师来担任产品负责人（将其中 1 位产品负责人设定为首席产品负责人）。

1.7　常见错误

对于很多组织来说，设置产品负责人角色犹如涉足一个新领域。在通往高效产品负责人制度的道路上，处处充满陷阱和机关。本节将帮助大家规避一些最常见的错误。

1.7.1　不给力

一个项目配置了不给力的产品负责人，就像一辆汽车配置了低马力的发动机：车可以跑，但如果路况较差，跑起来就很吃力。不给力的产品负责人通常缺乏授权，原因可能有多个：产品负责人没有受到管理层的足够关注；支持来自错误的层级或错误的人；管理层并不完全信任产品负责人或舍不得下放决策权。这样，产品负责人就很难有效地开展工作，包括团结 Scrum 团队、项目干系人和客户，或者从发布中排除一些需求。以跟我合作过的一位产品负责人为例，他的每个重大决定都要征求其老板（业务领导者）的意见。毫无疑问，这会造成延迟，削弱了团队对产品负责人的信心。因此，要确保产品负责人能获得充分授权，并且能从正确的人那里获得支持和信任。

1.7.2　工作超负荷

超负荷工作不仅是不健康的，也是不持久的。超负荷工作的产品负责人很快会遇到瓶颈，从而制约项目的进展。超负荷工作引发的症状包括：忽略产品待办列表的梳理；错过冲刺计划会议或冲刺评审会议；无法回答问题或者要拖延很久才能给出答案。超负荷工作的产品负责人与敏捷宣言中的可持续开发原则是格格不入的。"敏捷过程提倡可持续的开发节奏。项目发起人、开发人员和用户应该能够一直保持恒定的开发速度（Beck 等，2001）。"

导致产品负责人负担过重有两个主要原因：没有足够的时间履行角色的职责，缺乏来自团队的大力支持。如果产品负责人还有很多其他工作，其时间和精力就会被分散；如果产品负责人要管理多个产品或团队，就会分身乏术。团队支持力度不够的原因在于，对产品负责人制度有误解：即使只配置了一位产品负责人，但大部分产品负责人的工作仍需要人们协同完成。团队和 Scrum Master 必须支持产品负责人。

为了避免产品负责人的工作超负荷，可以尝试下列做法。首先，将产品负责人从其他工作（职责）中解脱出来。从一开始就将产品负责人的工作设定为全职，一位产品负责人只能管理一个产品和一个团队。其次，要确保团队有时间参加每个冲刺，以配合产品负责人的工作。在 Scrum 中，团队要拿出 10%的精力参与每个冲刺，以支持产品负责人（Schwaber，2007）。协作不仅意味着把工作分给大家，还意味着要调动团队的集体智慧和创造力。

1.7.3　角色被割裂

有些组织将产品负责人的角色割裂，并将其职责分配给若干人。例如，设置一位产品经理和一位"产品负责人"。产品经理兼管产品营销和产品管理，拥有愿景的话语权，是面向外部的，还保持与市场的对接。"产品负责人"面向内部，负责冲刺及团队协作。在这种情况下，所谓的产品负责人更像一个产品待办列表的写手。这会加深原来就存在的隔阂，混淆责任感和职权，导致信息延迟或被多次传递，并造成其他多方面的浪费。

为避免产品负责人的角色被割裂，组织要勇于面对设置正确的角色这一挑战。产品负责人要专职工作，并承担产品管理的战略和战术两个方面的责任。这要求对组织结构做出一些改变，例如，调整工作角色，设定新的职业发展路线，培养有能力承担综合性工作的"多面手"，这一点将在第 6 章讨论。

1.7.4　远程产品负责人

远程产品负责人与团队分开办公。给人的感觉是，产品负责人在西海岸，而团队在东海岸。"远程"有多种形式和程度。最常见的是在同一工作场所但不在同一房间，最极端的是产品负责人和团队分布在不同的大洲和时区（Simons，2004）。我发现，远程产品负责人经常出现很多问题，包括互相猜疑、沟通不畅、信息失准和进展缓慢。原因就在于，在开发团队内部传递信息的最有效方法就是面对面交谈（Beck 等，2001）。

为避免远程产品负责人所带来的种种弊端，应实现所有
Scrum 团队成员集中办公。就像前面提到的那样，在 mobile.de 使
产品负责人、Scrum Master 和团队集中办公后，生产效率和士气
都获得大幅提升。如果实在无法做到集中办公，产品负责人应尽
可能地多花一些时间与 Scrum 团队成员同处一室。远程产品负责
人应至少到现场参加冲刺计划、冲刺评审会议和冲刺回顾会议。
产品负责人从远程办公转到集中办公通常需要一些时间，包括聘
请和培训当地的产品负责人。在某些情况下，公司需要重新考虑
产品战略，例如，应该在哪里开发其产品。

1.7.5　代理型产品负责人

代理型产品负责人是临时顶替实际产品负责人的人。设置代
理型产品负责人，往往是为了解决工作超负荷、角色被割裂、远
程产品负责人等问题。以我的客户为例，该客户曾要求产品管理
副总裁来担任关键业务的产品负责人。虽然他是这项工作的理想
人选，但他鲜有时间与团队共处。当实际产品负责人不在场时，团
队的商业分析师可以充当代理型产品负责人的角色。代理型产品负
责人做了实际产品负责人的大部分工作，但他没有被授权——仍由
实际产品负责人最终决定产品待办列表的优先级、发布计划，以
及是否接受或拒绝工作成果。随之而来的是冲突加剧、沟通不

畅、决策减慢，甚至会使员工的开发效率和士气受到影响。

设置代理型产品负责人是表面上处理系统问题的一种尝试。组织应专注于解决深层次的问题，而不是简单地应付一下。根本性的解决方法是，将产品负责人从其他职责中"解放"出来，使产品负责人、Scrum Master 和团队能够集中办公，或者重新物色产品负责人。

1.7.6　产品负责人委员会

产品负责人委员会由一群产品负责人组成，这些产品负责人不对整个产品负责。没有人对这群产品负责人进行指导，没有人帮助他们建立共同目标，也没有人促进决策的制定。因此，产品负责人委员会其实是一个危险的泥潭，是一个"死亡委员会"，有着没完没了的会议——充斥着各种利益冲突和政治冲突。工作无法取得真正的进展，人们不再合作而是互相冲突。因此，要永远确保有专人负责产品，有总产品负责人或首席产品负责人指导其他产品负责人并促进决策的制定，包括优化产品待办列表和制订发布计划。

1.8　反思

产品负责人这个角色是成功实施 Scrum 敏捷产品管理的基

石。产品经理闭门造车并绞尽脑汁提出完美需求的日子已经一去不复返了。产品负责人是 Scrum 团队的一员，致力于与团队紧密和持续地协作。回答以下问题可以帮助你成功设置产品负责人角色：

- 谁在你的公司中代表客户和用户？

- 谁识别并描述客户需求和产品功能？

- 谁领导并提出愿景？谁领导并将愿景变为现实？

- 哪些角色负责团队合作及决策的制定？

- 根据本章内容，落实产品负责人角色需要付出哪些努力？

第 2 章

产 品 愿 景

2

20 世纪 90 年代早期，召开电话会议不是一件有趣的事。与会者不得不把头转开，对着麦克风大喊大叫。如果大家同时发言，声音就会中断，对话变成了自言自语。宝利通（Polycom）是一家专注于远程监控、视频、音频和内容共享解决方案的公司，它意识到客户需要的电话会议是：更接近日常的面对面对话，不能有失真、回声或其他干扰。因此，宝利通构思了一个具备如下属性的产品（Lynn 和 Reilly，2002）：

- 卓越的音频质量。允许多人同时讲话，而且声音清晰。
- 使用简单。没有杂乱无章的按键和电线。
- 一流的外观。能放在高层管理者的会议室。

最终的产品名称是 SoundStation，该产品发布于 1992 年。产品愿景成为该产品在市场上取得压倒性胜利的基石。本章讨论了一些提出产品愿景的方法。那么，有效的产品愿景应该具备哪些内容和怎样的质量呢？

2.1　构思产品愿景

"请问，从这里出发应该走哪条路呢？"在刘易斯·卡罗尔的小说《爱丽丝漫游奇境》中，爱丽丝问柴郡猫。"这主要取决于你想去哪儿。"猫回答。"我根本不在乎去哪儿……"爱丽丝说。"那么，你走哪条路也就无所谓了。"猫答道（Carroll，1998）。

构思产品愿景——未来新产品或产品新版本的大致样子和用途，是实现产品的必要条件。产品愿景是未来产品的一张草图，是产品的一个总体目标，可起到激励和引导员工的作用，是一个产品存在的理由。就像宝利通的例子一样，产品愿景有选择性地对产品进行了粗粒度的描述，该描述抓住了产品的本质——对成功开发和上市产品至关重要的信息。应在冲刺评审会议上向客户和用户展示产品增量，应尽早发布软件，还应频繁地验证并细化产品愿景。有效的产品愿景要能回答下列问题：

- 谁会购买该产品？谁是目标客户？

- 谁会使用该产品？谁是目标用户？

- 产品要满足哪些需求？有哪些新价值？

- 哪些产品属性对于满足关键需求及产品成功是至关重要的？产品的大致样子和用途是什么？产品在哪些领域有优势？

- 该产品与本公司的和竞争对手的现有产品相比，有何不同？独特的卖点是什么？目标价格是多少？

- 公司如何从该产品的销售中赚钱？收入来源是什么？商业模式是什么？

- 该产品可行吗？公司有能力开发和销售这个产品吗？

　　如果你计划以这个新产品为契机来改变自己的商业模式，那么上述问题所涉及的信息都应该体现在产品愿景中。以苹果公司的 iPod 和 iTunes 为例。苹果公司通过创造 iPod 这款优秀的产品，并将其融入一个伟大的商业模式，从而主导了数字音乐市场。iPod 与该公司的在线音乐商店 iTunes 紧密结合，不仅提供了一种方便的在线音乐购买方式，而且还锁定了目标客户。这使苹果公司能够改变游戏规则——以相对便宜的价格在线销售音乐。苹果公司在音乐销售方面的利润微薄，但从 MP3 播放器（iPod）的销售中获利颇丰。iPod 的产品愿景包含了与 iTunes 无缝整合的需求，iTunes 的产品愿景则创造了新的商业模式——使 iPod 的销售获得了额外的利润。

2.2 愿景的理想质量

愿景应以一种简约的方式来传达未来产品的本质，并描绘一个共同的目标作为方向，目标要足够宽泛以激发创造力。

2.2.1 共同的和共识的

每位参与开发工作的人都应当接受愿景，包括 Scrum 团队、管理人员、客户、用户和其他干系人。正如彼得·圣吉所说："只有当你和我都拥有一个相似的愿望，并致力于让他人（而不只是我们自己）也拥有该愿景时，愿景才是真正共同的。"（2006，192）共同的愿景可以保持一致性，可以激励每位参与者，可以提高团队工作效率并促进团队学习。"当人们真正拥有共同的愿景时，他们就会被共同的愿望紧密地连接在一起了。"（Senge，2006）如果团队成员各有各的愿景，最终只能是各奔前程，而不是朝着共同的目标前进。创建共同愿景的最好方式是，由 Scrum 团队和干系人一同创建愿景。

2.2.2 广泛的和吸引人的

产品愿景所描绘的目标应该是广泛的和吸引人的：目标既能指明开发工作的方向，又能为创造力留出足够的空间，还能吸引人和鼓舞人。谷歌公司负责搜索产品和用户体验的前副总裁玛丽莎·梅耶尔描述了谷歌公司利用产品愿景的方式。

> 我们召集的团队成员是一群真正对这个课题充满激情的人。我觉得这很有趣：我们不做高清晰度的产品规格说明书。如果你写了一份 70 页的文档来描述即将开发的产品，实际上，你在这个过程中已经失去了创造力。工程师会说："知道吗？你在这里忽略了一个特性，我很想把它加进去。"你当然不希望失去创造力。在以共识驱动的方法中，团队成员围绕他们当前的工作共同创建愿景，并为每位成员留出足够的空间来发挥创造力，这种方法是非常鼓舞人心的，优秀的成果就是这样产生的。

要抵制"提供过多细节或过度描述产品"的诱惑。随着项目的进展，可通过产品待办列表来发现并捕获更多的功能。

2.2.3 简短的和扼要的

对于产品愿景来说，少即多。愿景应当是简短的和扼要的。

愿景应该只包含关系到产品成功的关键信息。例如，Lynn 和 Reilly 的近 10 年的调查显示：对于一鸣惊人的产品，其属性一般不会超过 6 个。因此，产品愿景一定不是特性清单，也不应提供不必要的细节。敏捷项目管理专家吉姆·海史密斯（Jim Highsmith，2008）解释道：“想出 15～20 个产品功能或特性很容易，但从中选出 3～4 个能够刺激人们购买欲的特性很难。”产品开发专家唐纳德·莱纳特森对此也深有同感：“大多数成功的产品都有一个清晰且简单的价值主张。购买者通常会根据 3～4 个关键因素在多个竞争产品中做出选择。”

产品愿景是否简练，可根据它能否通过摩尔（Moore）电梯演讲来检验——“你能在乘电梯的有限时间内介绍你的产品吗？”（2006，152）如果答案是否定的，那意味着产品愿景要么太长，要么过于复杂。

2.3 最小适销产品

为了创建一个产品愿景，Scrum 团队必须能窥见未来，还要能描述自己确信的未来产品的大致样子和用途。没有远见卓识的人，是很难准确预测未来的。毕竟，对于未来而言，唯一确定的事就是其不确定性。任何市场研究方法都无法百分之百准确地预测未来，而希望投资绝对安全无异于痴人说梦。库珀认为："新产品的失败率高达 25%～45%。"（2001，10）有的研究显示，新产品的失败率甚至更高。市场发展是变化莫测的，客户反应也很难预料，下面这个故事揭示的就是这个道理。

Expertcity 公司在 1999 年发布了一个采用交互式技术的支持系统，公司对其寄予厚望。市场调查数据显示，新产品将会获得巨大成功。但遗憾的是，新产品的市场表现不尽如人意。但是，Expertcity 公司也注意到，用户已经开始使用新产品的某个功能——桌面共享功能，这出乎所有人的预料。用户正在使用该功能来远程管理计算机。该公司迅速采取了行动，并改进了产品，将其转变为远程管理工具。改进后的产品被命名为 GoToMyPC，它取得了极大的成功。2003 年，Citrix 公司以 2.25 亿美元的价格收购了 Expertcity 公司，GoToMyPC 现在已成为 Citrix 在线套件的一部分。Expertcity 公司最初的产品愿景可能是错误的，但其适应能力帮助公司将失败变为成功。

我们预测未来的能力是有限的，因此，抓住成功机会的最好办法是，构思一个最小适销产品：用最少的功能来满足选定客户的需求。以 2007 年发布的 iPhone 为例。这款手机有着无可比拟的用户体验，令竞争对手自愧不如；它为智能手机设置了一个全新的标准。其成功背后的秘密之一就是，苹果公司选择了很有限的客户需求。苹果公司没有试图取悦大众，也没有像其他竞争对手那样提供尽可能多的特性。相反，苹果公司重新审视了智能手机的外观和功能，并故意省略了一些功能。最初发布的 iPhone 并不具备许多现有手机标配的特性：如复制/粘贴、群发短信及软件开发工具包。但是，这并没有阻碍苹果公司的成功。通过精简功能，苹果公司为产品开发和交付赢得了宝贵的时间，并将其竞争对手远远抛在后面。在成功发布首款 iPhone 后，苹果公司于 2008 年发布了 3G 版 iPhone，提升了手机的软硬件能力。通过以商业用户为目标，苹果公司进入了一个新的细分市场。

我们可以将 iPhone 的成功与苹果公司的另一款产品牛顿（Newton）掌上电脑做个比较。该产品经过 5 年的开发，于 1993 年首次发布。还记得那些广告词吗？苹果公司宣称这款掌上电脑（PDA）可以完成包括手写识别在内的各种奇妙任务。在拿到产品后，人们发现，Newton 过于臃肿和笨重。更要命的是，这款产品最重要的手写识别功能无法正常工作。Newton 没有达到预期，最终于 1998 年退出市场。苹果公司事后认识到，Newton 项目的"野心"太大。该公司发布的是一款产品，但试图一次做太多的事情，最后只能以失败告终。

史密斯、莱纳特森（1997）、德恩和克兰德-黄（2004）指出，开发一款最小适销产品有诸多好处：产品的推出速度更快，上市周期更短；以更及时的方式发布功能；产品的开发成本更低，投资回报率更高；回款更及时，现金流得到改善，学习得以加速。通过缩短上市时间，我们可以更频繁地倾听市场反馈，而不是试图准确预测市场。最小适销产品可更快地退出市场，这有助于降低风险。如果产品表现不佳，就尽早撤离市场，把损失降到最低。将失败概率纳入战略管理是谷歌公司的一贯做法，谷歌公司的玛丽莎·梅耶尔提道："我们预计将舍弃很多产品，但是人们会记住那些真正有价值的产品，会记住那些有大量潜在用户的产品。"

由于未来存在不确定性，在产品愿景中最好能涵盖产品的下一个版本。即使史蒂夫·乔布斯的长远目标是主导手机市场，这个目标也肯定不是第一款 iPhone 的目标。再宏大的设想也要一步一个脚印地实现。"真正重要的只有一步——下一步（Gilb，1988）。"一旦有了产品愿景，就要根据客户和用户的反馈将其转化为可交付的产品；而为了收集反馈，就要在冲刺评审会议中展示产品增量，并尽早且频繁地发布产品。只有这样，Scrum 团队才能迅速发现正在开发的产品是否是正确的。如果不正确，则说明产品愿景是错的，必须进行调整。

请注意，可能要经过多次发布才能实现产品愿景。我们以谷歌 Chrome 浏览器的第一版为例。在 2008 年 12 月发布 1.0 版本前，谷歌公司发布了许多非公开版本，并于 2008 年 9 月发布了公开测试版。我们可以用产品路线图的形式来体现产品增长的长期前景。在本章后面将对此进行讨论。

2.4　简洁

遵循简洁原则有助于创建具有最小功能且易于使用的产品。不要把简洁误认为是创建简单的产品。正如达·芬奇所说："简单是终极的复杂。"

2.4.1　奥卡姆剃刀原理

将简洁作为指导原则遵循了一个悠久的传统。在 14 世纪，来自奥卡姆的方济会修士威廉曾提出，如果在功能相同的设计之间做出选择，应该选择最简单的设计（Lidwell、Holden 和 Butler，2003）。这一见解被称为奥卡姆剃刀原理。

简洁不只关乎产品的美学，它还有另一层含义：专注于产品的本质，只开发用户真正需要的东西，并能轻松地调整和扩展产品。说起简洁且恰当的产品，我们不妨看看苹果公司的 iPod：它采用了滚轮式操作界面，并将按键集成在滚轮上，既简单又简约，还具备了所有必要的功能。贝克和安德鲁斯（2005，110）指出："遵循简洁原则的项目不仅可使软件开发更具人性化而且还提高了开发效率。"

2.4.2 少即多

很多人认为，能打败竞争对手的产品一定要拥有更多的功能。似乎功能越多，产品就越好，用户满意度也就越高。37Signals公司（2006）并不认同，该公司提供了屡获殊荣的、易用的网络应用程序，其产品设计的理念就是简洁以及聚焦于产品的本质。

> "比竞争对手做得少才能打败他们……把你想做的那些功能砍掉一半……从一个精益的、智能的 App起步，让其获得市场的拉力。然后，你就可以在坚实的基础上添砖加瓦了。"

来自麻省理工学院的教授、简洁专家约翰·梅德（2006）对此深有同感："实现简洁的最简单的方法就是，在深思熟虑后进行精简。当你遇到疑问时，只需要按下删除键。"我们还可以引用史蒂夫·乔布斯的一句话："创新不是对一切说'Yes'，而是对一切

说 'No'，除了那些最关键的特性。"《敏捷宣言》将简洁列入 12 条原则中，认为简洁是"极力减少不必要工作量的艺术"（Beck 等，2001）。每当你对一个新特性有了想法或者发现了一个新需求时，都要问问自己：这个新特性（或功能）对产品成功是不是至关重要的？如果不是，就放弃这个想法。这能使产品变得简洁且有序，即只提供客户或用户需要的特性。

2.4.3　简洁的用户界面

谷歌公司明确将简洁作为用户体验的核心原则："谷歌公司并不打算开发具有丰富特性的产品；最好的设计仅包含人们为实现目标所需的基本特性。在理想情况下，即使那些需要大量特性和复杂视觉设计的产品，也能做到简洁且强大……我们希望产品向新的方向演化，而不是添加更多的特性。"立德威尔、霍顿和巴特勒声称，简洁的用户界面使谷歌公司获益匪浅："在其他网络搜索服务公司竞相在其网站上增加广告服务和特定功能时，谷歌网站仍然保持着简洁和高效的界面设计。这使我们可以提供最优质、最易用的网络搜索服务。"*The Google Way* 一书的作者伯纳德·吉拉德认为，AdWords（谷歌的广告服务产品）的巨大成功归功于简洁："正如直观的 Mac 图形界面使苹果公司的产品友好且易用一样，谷歌 AdWords 的产品设计同样友好且易用。任何广告客户都可以轻松了解如何投放广告……"

2.5 客户需求和产品属性

客户需求和产品属性是产品愿景的核心，需要密切关注。通过选择客户需求，我们可以了解应当关注哪些市场或细分市场。通过关注客户需求，我们可以将产品作为服务客户或用户的最终手段。另外，产品属性是产品为了满足这些需求而必须具有的关键属性。例如，触摸屏就是一种产品属性，该属性的潜在需求就是易用性。属性分为功能性或非功能性两类。功能性属性是指产品的具体功能或特性，例如，能够接电话和打电话。非功能性属性包括性能、健壮性、风格、设计和可用性。非功能性属性是差异化的重要来源——可以影响用户体验以及产品的可扩展性和可维护性，这反过来会影响产品的总拥有成本和预期寿命。

属性可通过限定解决方案空间来指导开发团队——给出所有可能的解决方案集。通过陈述客户需求并详细说明产品属性的最小集合，我们可将需求与技术解决方案联系起来，将客户置于开发工作的中心。区分需求和属性使我们明白为什么需要这个产品，以及产品应有怎样的外观和用途，这能帮助我们探索各种不同的属性并找出最合适的属性。例如，触摸屏是提供易用性属性的方式之一，其他可选择的替代方式（如大尺寸按键或声控装置）可能更便宜。

一旦识别出产品属性，我们就可以对其进行优先级排序。这样做有很多好处：能满足多个需求的属性是很重要的，应当有高优先级。当属性之间存在冲突时，优先级排序就显得尤其重要。例如，对于互操作性和可服务性来说，一方面，不同的系统和设备之间的互操作性通常要求一定程度的架构复杂性；另一方面，可服务性又要求架构是简单的和可扩展的。由此引发的冲突要求产品负责人、Scrum Master 和团队要发挥创造力，调和矛盾并找出满足客户需求的最佳解决方案。科伯恩（2015，147）建议，在对产品属性的优先级排序时，应考虑三大因素：

- 为了该属性放弃其他属性。
- 尽量都保留。
- 为了其他属性放弃该属性。

例如，如果可服务性的优先级高于互操作性，我们会为了可服务性放弃其他属性。同时，我们也会尽量保留互操作性。

有一种有用、简单、低成本的工具可用于捕捉需求和属性：一套纸质卡片。"卡片"工具可以支持团队合作，也可以很容易地进行注释和修改。我们可对卡片分类，将其贴在墙上，并将其四处移动。在创建产品愿景后，我们可将卡片粘到白板纸上，挂在团队办公室里，然后做一个项目的维基页面。

2.6　愿景的生成方式

每个产品在早期都会被各种神话和传说的光环所笼罩。没有万能的公式可用来构思创意并将其演化为愿景。通常，有两种新产品愿景的生成方式：宠物项目方式和 Scrum 方式。无论采取何种方式，都应尽量将愿景工作保持在最低限度，并迅速发布首个产品增量，展示给客户或用户，以获取他们的反馈——看看开发方向是否正确，然后加以调整。应避免在愿景工作中设置太多的控制和流程，否则，创新和创造力会被扼杀，员工也会忙于填写表格而不是创新。

2.6.1　宠物项目方式

谷歌公司鼓励开发人员将其 20%的时间花在"宠物项目"上。这些个人性质的研究项目推动了一些新创意转化为产品原型。研究结果证明了谷歌公司的投资是合理的：在谷歌公司于 2005 年下半年发布的所有产品中，有一半是以宠物项目的形式启动的（Mayer，2006）。提出最初创意的开发人员继续在这个项目上工作直到做出产品。谷歌 Chrome 浏览器就是这么做出来的。本·古德格和达林·费舍尔两位工程师构思了浏览器的最初原型，并在 Chrome 开发项目中扮演着重要的角色（Levy，2008）。施瓦布（Schwaber，2007）倡导用这种方式来开发新创意：

> "建议为每名员工留出一部分时间，以从事当前 Scrum 团队工作以外的活动，这对企业大有裨益。可以为员工留出 20%的时间。让大家联合组建兴趣小组，在一起工作。一些小组可以专注于维护和提高专业水平，另一些小组可以研究新创意并建立原型。3M 公司的黄色便利贴和谷歌公司的 Gmail 就是用这种方式开发出来的。"

2.6.2　Scrum 方式

如果创建愿景的工作量较大，可以采用 Scrum 方式。让产品负责人、Scrum Master 和团队共同承担创建愿景的责任，产品负责人担任领导者。首先，产品待办列表要包括可交付产品的愿景，例如，"用于探索用户界面设计选项的原型已经可用"和"与客户的会谈已完成"。其次，随着工作的进展，根据产品愿景，产品待办列表还要包括描述未来产品的高层级属性。每个愿景冲刺都将产生一个增量，这些愿景增量构成了通向产品愿景和最终可交付产品的每个步骤（如果只做一个愿景冲刺，那么其产出就是产品愿景）。以位于英国的一家游戏开发工作室（Supermassive Games）为例，该工作室利用愿景冲刺来管理早期的开发工作，也就是"预生产"工作。团队创建了草图和原型，以迭代的方式来实现电脑游戏的愿景。原型包括乐高模型、概念图及各种软件。

在创建愿景时，Scrum 团队还要从事开发工作（当然也有例外）。有时，团队可能希望邀请一些专家，如用户体验设计师或客服代表等，请他们参与愿景冲刺。当愿景的创建工作结束时，专家可能离开团队，成为干系人。

2.7　愿景的创建方法

在本节，将讲述一些产品愿景的创建方法。请注意，这里的介绍不追求全面，也不描述方法的细节。相反，本节的目的是，让你有足够的信息来判断哪些方法适合你的项目。这些方法包括：原型和实物模型、用户画像和场景、用户案例和用户故事、排序和故事板、愿景盒子和商业评论、卡诺模型。

2.7.1　原型和实物模型

在一个新项目的起点，我们不知道自己不知道什么。糟糕的是，我们的目标客户和领先用户也不知道他们不知道什么，他们无法预先准确地告诉我们产品必须是什么样子以及有什么用途。因此，创建愿景的过程就是一次发现之旅，也是一次获取知识之旅和在实验中学习之旅。通过实验，可以检验因果关系，控制"因"，直到实现预期的"果"。要培养自己的思维方式，使其是开放的、好奇的、活泼的，同时，还应遵循严谨的流程。有效实验的关键是，通过执行并测试原型和实物模型来快速获取必要的知识。它们是知识创造和学习的载体，能帮助我们理解产品大致是什么样子和有什么用途；哪些技术和架构选项是可行的；创意是否真的可行。原型通常是可以快速且低成本创建的一次性工件；有时，纸上原型和草图就足以测试某个创意。探索特定问题的可执行原型也被称为"刺探"（Spike）。（刺探是功能的狭长切片，是端到端的，类似将长钉敲入地面——译者注。）

例如，我曾经负责过一个电信项目，该项目必须满足雄心勃勃的可用性要求。市场调查显示：公司产品的"用户友好性"比竞争对手的产品要差。因此，团队建立了一个原型，由一个设备实物模型和一个关键用户界面部件的一次性 Flash 组成。随后，邀请客户进行原型测试并将反馈纳入产品设计。最终，团队研发出了一款具有一流用户体验的新产品。

计划、执行、检查和行动

有组织的实验遵循一个四步骤过程，被称为"戴明环"（Deming Cycle）。首先，我们提出一个假设（计划）；然后，验证这个假设（执行），并审核结果（检查）。如果实验失败，我们会调整这个假设（如果有必要）并进行新一轮的实验以改进结果，或者尝试新方法（行动）。托马斯·爱迪生是将电灯泡成功商业化并推向市场的第一人，他认识到试错和失败的必要性——失败让产品新生。正如他的一句名言："如果我找到了一万个不可行的方法，这不是失败，我也不气馁，因为每次试错都让我又前进了一步。"

2.7.2　用户画像和场景

用户画像可以帮助我们选择目标客户。场景可以帮助我们理解产品如何改变人们的生活（Cooper，1999）。一个用户画像就是一个代表了目标客户或用户的"假定原型"。你可以将用户画像理解为一个具体的用例或用户角色。用户画像有名字，描述了与产品用途相关的信息，如工作角色、技能、兴趣等。

在找到正确的用户画像后，我们就可以着手调查将开发的产品会如何影响用户的生活。为此，我们需要创建场景，以描述画像中的用户如何在有该产品和没有该产品的情况下实现目标。创建场景的正式方法是创建两个消费地图：一个是在没有产品的情况下实现某个目标所需的活动；另一个是在有该产品的情况下，为达到未来状态所需的活动（Womack 和 Jones，2005）。通过场景和消费地图，我们可以建立产品的价值主张：所选择的属性是必需的吗？提供的收益是否针对所有已画像的用户？能否识别更关键的产品属性？

2.7.3　愿景盒子和商业评论

判断产品的增值点和卖点有两种有效的方法：产品的愿景盒子和商业评论。愿景盒子就是未来拟交付产品的一个外观实物模型。为了开发愿景盒子，Scrum 团队要给出一个产品名称、一个产品示意图、三个产品卖点，并将这些信息放在愿景盒子的正面。对于详细信息，可以将其放在愿景盒子的背面（Highsmith，2009）。为了写商业评论，Scrum 团队成员需要弄明白在产品发布后用户希望读到什么内容（Cohn，2009）。这两种方法都很快捷，也很好用。另外，我们还可以用它们来测试大家是否都理解产品愿景并对产品愿景达成了共识。

2.7.4 卡诺模型

卡诺模型（Kano Model）可帮助我们选择正确的功能以开发出有吸引力的产品（Kano，1984）。卡诺模型可告诉我们，客户对某个特定产品属性的满意程度。卡诺模型将满意度分为三种类型：基本型、期望型、惊喜型。我们以手机为例来解释卡诺模型的作用机制。手机的基本型功能包括开机、关机、拨打电话、接听电话，以及编辑、发送、接收和阅读信息。这些基本型功能是产品上市销售所必不可少的，如果产品缺失基本型功能将失去其价值。但客户满意度并不能因此而提高，例如，在手机上再添加一个开/关机按键是毫无意义的。期望型功能可以使客户满意度呈线性增长，其作用机制是"越'多'，越好"。例如，手机越轻、开机速度越快，客户满意度越高。当然，客户对期望型功能的需求是永无止境的。但这并不足以让产品在市场上与众不同。按照字面意思，惊喜型功能可以让客户感到愉悦和兴奋。例如，对于手机来说，惊喜型功能体现在吸引人的产品设计和个性化的功能上。惊喜型功能涉及客户的隐性需求——客户自己也没有意识到的需求，有助于我们找到具有竞争优势和独特卖点的产品功能。

我们要用某种方式将基础型、期望型和惊喜型功能（属性）融合到一起，以实现预期收益的最大化。将卡诺模型应用于产品

愿景和产品待办列表，会使我们获益匪浅。正如本章开头提到的
SoundStation 的愿景一样，愿景通常专注于期望型和惊喜型功能，
不太可能提到基础型功能。基础型功能一般体现在产品待办列表
中。请注意，卡诺模型做出了一个有趣的预测：随着时间的推
移，惊喜型功能最终会变为期望型功能，期望型功能将变为基础
型功能。随着竞争对手开始提供类似的产品，产品的竞争优势最
终也将不复存在。为了保持领先地位，公司必须定期对产品进行
升级并提供新的惊喜型功能。基于这一原因，公司要迅速发布一
款初始产品，并通过定期升级来不断发展产品。

2.8　愿景与产品路线图

到目前为止，本章主要关注如何创建新产品的愿景，这是一
项富有挑战性的工作。随着产品的日趋成熟，以及增量升级版本
的不断发布，创建愿景的工作会逐步减少。但是，新版本的产品
仍然要有目标。Scrum 团队可以采用产品路线图来捕捉新版本的
目标，此时，愿景工作将成为创建和更新产品路线图的一部分。

产品路线图是一种规划工具，显示了产品的不同版本是如何
进化的，以帮助 Scrum 团队与项目干系人进行沟通。产品路线图

可帮助组织协调相关产品（如产品线或产品组合）的开发和发布。应使产品路线图保持简单并聚焦于基本要素。产品路线图应该清楚地说明每个版本的预期发布日期、目标客户与其需求，以及三五个主要特性。不要太关注细枝末节，它们将在产品待办列表中体现出来。但要关注一点：产品路线图永远无法取代对市场反馈的仔细检查以及相应的产品调整。产品路线图只是简单描述了我们"心中认为"的产品进化方向，而这种认知来源于我们对市场的理解。产品路线图是动态的，它会进化，也会改变。

产品路线图的创建要在产品成功上市之后。（在没有版本发布之前就创建一份五年的产品路线图，是没有意义的，这样的路线图只能描绘一个梦境而不是实景）。创建产品路线图时要让所有相关人员都参与进来，包括 Scrum 团队，可能还要包括产品组合负责人、来自其他产品开发团队的代表以及干系人。要确保产品路线图所涵盖内容的真实性。路线图要建立在市场和产品生命周期基础之上，关注眼下的 6～12 个月，而不是预测未来的两三年。

2.9　最小产品与产品版本

产品越成熟，面对的客户需求也会成倍增加，例如，产品需要在不同的细分市场和不同的地域来满足客户。采用最小功能迭代的方式，很难应对多元化的需求，为了应对不断扩大的客户和用户群，更多的特性需要增加进来。解决这个问题的方法是推出同一产品的不同版本。每个版本都聚焦于特定的客户群和市场细分。比如，微软的一款非常流行的绘图软件 Office Visio 2007 有两个版本：Office Visio 2007 标准版和 Office Visio 2007 专业版。前者作为"基本视图工具"，后者是对 Visio 标准版的延伸，帮助 IT 和商业用户对复杂的信息、系统和流程进行可视化、分析和沟通。两种版本满足不同的市场细分：有特定的绘图需求的家庭和企业用户，需要高级绘图功能的专业用户。

虽然产品版本好处颇多，但也要警惕版本过多而引发的产品组合臃肿、支持费用过高、消费者无所适从等问题。设想一下，如果微软提供四个 Office Visio 2007 版本：基本版、标准版、专业版和豪华版，结果会怎样？客户会迷失在众多选项之中而无法做出购买决定。

还有另外一个潜在问题：同一产品的不同版本可能是在不断重复执行同一个功能，会引发高昂的开发和维护费用。解决方法是开发一组可共享资产，也被称为"平台"。例如，苹果的 iPhone 和 iPod Touch 采用的就是通用组件。你意识到有共性的必要性，但不要盲目鼓励大家开发什么完美的、巨大的平台，要从小处着手。随着对产品版本需求的出现，对平台进行有条不紊的开发，并细心维护平台功能。这种方法最终将导致架构的重构，但避免了对平台过度设计的风险。

2.10　常见错误

创建产品愿景对于推动产品发布至关重要。需要警惕愿景创建中的一些常见错误：没有愿景，预言型愿景，分析瘫痪，自认为完全了解客户，大即美。

2.10.1　没有愿景

最常见、最普遍的错误是，在没有产品愿景的情况下就开始开发产品。这种情况最容易发生在客户希望将其个性化特性纳入产品而忽视了特性之间的关系时。这样开发出来的产品被称为"特性肥皂泡（DeMarco 等，2008）"。要想避免这种反模式，就要确保有一个可用的愿景，清楚地描绘了谁是客户、特定的客户需求以及关键属性。这个愿景将帮助我们判断哪些特性应该实施，并保证我们开发出一个有用、有价值的产品。

2.10.2　预言型愿景

愿景描绘出了未来产品的画面，但这个预言中的未来可能永远不会实现。将愿景变成产品是一种带有失败风险的创业行为。还记得 Expertcity 按照愿景开发出来的产品并没有达到预期效果吗？即使有愿景，失败也照样会"光临"。不过，在 Expertcity 案例中，失败变为成功之母。没有第一次发布的失败，就不会有 GoToMyPC 的成功。为了尽量减少不准确预测所带来的潜在损失或伤害，可以精挑细选少数几个客户需求，然后快速发布一个产品增量，之后再检查和调整。

2.10.3　分析瘫痪

正如前面所述，前期市场研究不能过度，避免陷入分析瘫痪的陷阱，也就是说，市场研究做了一大堆，但实质进展一点没有。过度市场研究不仅是浪费了时间和金钱，它的危害在于你可能永远无法及时交付一个优秀作品。理解市场并关注客户很重要，但如果只是客户驱动，丢失了自己对产品的伟大愿景，你不可能成功。

导致分析瘫痪的原因，通常由于过度关注投资的安全。秉承这一心智的公司通常不能容忍失败，其心态是"第一次就要做对"，管理层要求准确预测未来的产品性能，包括精确的市场份额和利润，这些都必须在愿景被批准之前得出。防止分析瘫痪的办法是尽量减少愿景创建的工作量，尽可能快地推出产品，并根据市场反馈不断进行调整。

2.10.4　自以为完全了解客户

有的公司走向另外一个极端，将自己与市场彻底隔离开。他们将希望寄托于管理层的直觉或者开发人员的技术才华。这些公司自认为他们完全了解什么是对客户好。这种做法最大的风险是公司将资金投向一款根本没人需要的产品。要防止在象牙塔中搞创新，最好的办法是邀请客户和用户参与开发流程，邀请他们参加冲刺评审会议，并尽早发布软件。

2.10.5　大即美

发布的产品如果具备丰富的功能，可以引发大量的新故事，正如普雷斯顿·史密斯和唐纳德·莱纳特森（Preston Smith 和 Donald Reinertsen，1998）所说：

> "我们都被产品开发的英雄式成功的故事深深吸引。某个开发团队迎难而上，接手某个似乎不可能完成的项目，然后付出超人的努力……这些项目好比美式橄

橄榄球中的触地得分的长传，让球迷们为之疯狂。也比那
些田径项目刺激得多，不是一次只滚出 10 码远。"

大爆炸式的开发虽然令人心潮澎湃，但也有负面，它们耗费
大量时间和金钱，失败的风险极大。"公司经常走入一个误区，试
图追求一个完美的解决方案，希望从开始就使一切都完美。这样
开发出来的产品往往过度设计，代价高昂，而实际效果并不怎么
好（Anthony 等，2008）。"大爆炸式的开发使得很难基于客户和用
户的反馈进行产品进化，因为太多的功能都提前敲定了。避免此
类错误，就要在产品的初始阶段聚焦于很窄的客户需求，提供最
小的功能，尽早发布并且频繁发布，与客户和用户的反馈合拍。
快速发布产品，检查市场反馈，相应调整产品。

2.11 反思

确保 Scrum 团队对未来的产品有一个共同的愿景。愿景要
低调，聚焦于下一个产品版本。从大处着眼，从小处着手。测
试愿景的方法包括邀请客户和用户参加冲刺评审会议、快速推
出产品增量。然后基于反馈进化产品。回答以下问题有助于讨
论愿景：

- 你的产品是否有一个共同的目标?

- 目标的来源以及创建者是谁?

- 如何让创建的愿景符合本章所描述的质量?

- 愿景如何改进你的创新流程?

第 3 章

产品待办列表

3

在 Scrum 中，像产品待办列表这样广受欢迎的工件少之又少。这是有原因的：产品待办列表简洁且优美——它包括了产品得以上市所需的全部尚未完成的工作（按优先级排序）。产品待办列表中的条目覆盖了对客户需求或各类技术选项的探索工作、功能性和非功能性需求的描述、发布产品时的必要工作，以及环境的搭建或缺陷的修复等。产品待办列表能够取代传统的需求工件，如市场和产品需求规格说明书。产品负责人负责管理和维护产品待办列表。Scrum Master、团队和干系人也为产品待办列表出谋划策，共同发掘产品的功能。

本章将讨论产品待办列表，并给出梳理产品待办列表的一些技巧。另外，本章还会介绍产品待办列表的某些复杂应用，包括如何处理非功能性需求，如何扩展大型项目的产品待办列表。

3.1 产品待办列表的"DEEP"特征

产品待办列表有四大特征：详略得当（Detailed appropriately）、经过估算（Estimated）、涌现式（Emergent）和按优先级排序（Prioritized）。接下来，我们详细看一下每个特征。

3.1.1 详略得当

产品待办列表要详略得当，如图 3.1 所示。优先级高的条目比优先级低的条目描述得更加详细。"条目的优先级越低，其细节就越少——达到刚刚能理解的程度。"施瓦布和比德尔曾写道（2022，33）。以此为指导方针，能够保持待办列表的简洁，同时又确保在下一个冲刺中可能实施的条目是切实可行的。这种做法也让需求的发掘、分解和细化变成了贯穿整个项目始终的工作。

3.1.2 经过估算

产品待办列表中的内容是经过估算的。这些估算是粗略的，通常以故事点或者理想天数的形式来表达。了解条目的规模有助于对它们进行优先级排序和制订发布计划。（详细的任务级别的估算将在冲刺计划会议中进行；任务及其估算会被记录在冲刺待办列表之中。）

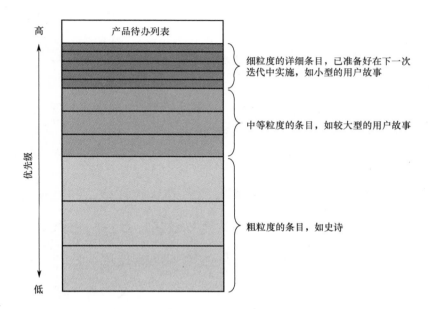

图 3.1　在产品待办列表中的优先级顺序决定着条目的详细程度

3.1.3　涌现式

产品待办列表具有演进的特性，它会不断地演化，其内容会经常地发生变化。新的条目从客户和用户的反馈中不断涌现出来，并被加入产品待办列表。现有的条目也不断地被修订、细化、重新排列优先级或者移除。

3.1.4　按优先级排序

产品待办列表中的所有条目都是按优先级排序的。最重要的、优先级最高的条目位于产品待办列表的顶部，它们将优先得到实施。如图 3.1 所示，一旦完成某个条目，应将该条目从产品待办列表中移除。

3.2　梳理产品待办列表

如果长时间无人打理，花园里就会长满野草。同理，如果不梳理产品待办列表，它也会变得难以使用。产品待办列表需要得到定期的关注和维护，需要被精心地管理或梳理。梳理产品待办列表是一个持续的过程，主要由以下几个步骤组成（请注意，在执行这些步骤时不一定要遵循下面列表中的顺序）：

- 发掘和描述条目。根据实际需要对已有的条目进行更改或删除。

- 产品待办列表的优先级排序。将最重要的条目放在列表的顶部。

- 准备冲刺计划会议。对高优先级的条目进行分解和细化，为接下来的冲刺计划会议做好准备。

- 条目的规模。将新的条目添加至产品待办列表，改变现有条目，并修正估算。

虽然确保产品待办列表处于良好状态是产品负责人的责任，但梳理活动应该是一个协作的过程。整个 Scrum 团队应一起合作，对条目进行发掘、描述、排序（按优先级）、分解和细化。在 Scrum 中，团队应分配最多 10% 的时间来梳理产品待办列表（Schwaber，2007）。干系人也要适当介入梳理过程。需求不再被简单地传递给团队，而是由团队成员共同编写。产品负责人、Scrum Master 和团队围绕需求进行面对面的交流，而不是通过文档来交流。

通过协作来梳理产品待办列表是高效且有趣的。它在 Scrum 团队内部及团队与干系人之间营造出对话的氛围；它消除了"业务"与"技术"之间的隔阂，并减少了不必要的传递；它增强了需求的透明度，充分利用了 Scrum 团队的集体智慧和创造力，并在团队中建立了对需求的共识和责任感。

一些团队喜欢在 Scrum 每日站会之后简单地做一些梳理工作。另一些团队则喜欢每周举行一次梳理会议，或者在冲刺快结束时举行一次时间更长的梳理研讨会。在冲刺评审会议中，当 Scrum 团队与干系人讨论未来动向时，也可进行梳理活动——将新的条目添加进来，同时移除那些不再需要的条目。要确保能建立一套梳理流程，以保障梳理活动的执行，例如，可以从每周举行一次的梳理研讨会开始。一份经仔细梳理的产品待办列表是成功举行冲刺计划会议的必要前提。

在梳理产品待办列表时，"卡片"是一种很棒的工具。"卡片"简单易用，物美价廉，重要的是它能促进协作。每个人都可以取一张卡片，在上面写下自己的观点。然后，把卡片放在桌上或贴在墙上，并对其进行分类组合，以检查它们的一致性和完整性。"卡片"可以与产品待办列表软件工具（如电子表格）互为补充：在梳理研讨会前，将记录在软件工具中的需求打印到卡片上，在梳理研讨会后，再将梳理的结果录入软件工具。

现在，让我们更进一步，看一下梳理过程中的四个步骤，首先要做的是，发掘和描述（产品待办列表中的）条目。

3.3　发掘和描述条目

对产品待办列表中的条目进行发掘和描述是一个持续的过程。如果你习惯于在项目早期就创建全面、详细的需求规格说明书，则需要意识到，Scrum 鼓励的是一种完全不同的做法。需求不再被过早地固定下来，取而代之的是，在整个项目过程中，要不断地发掘和细化需求。随着我们对客户需求以及满足需求的最佳方式的不断认知，现有的需求很可能发生变化，甚至变成累赘，新的需求则会涌现出来。因此，在 Scrum 中，产品需求的发掘不只在开发阶段的早期，而是贯穿于整个项目周期。许多正在转型为产品负责人的产品经理发现：不写下所有需求并直接将其细化，对他们来说是一件很有挑战的事情（即使他们可以做到）。

3.3.1　发掘条目

发掘产品待办列表条目的第一步是，储备最初的产品待办列表。这项工作最好以合作的方式进行，Scrum 团队与合适的干系人一起，从产品创意、产品愿景或产品路线图出发，集思广益，列出产品上市所需的条目。在储备产品待办列表时，要避免一些错误做法，例如，试图找出所有可能需要的条目。如第 2 章所述，在任何时候，梳理产品待办列表的工作都应该聚焦于产品上市所需的最小功能集上，并力求简洁。随着项目的推进，更多的灵感将涌现出来，产品待办列表也将基于客户和用户的反馈而增加。如果产品待办列表在开始阶段就冗长且复杂，人们就很难抓住重点并进行优先级排序。要善于使用产品创意或产品愿景来指导工作。关注当前最关键的部分，不必过于担心其他部分。要抵制过早添加太多细节的诱惑，将条目按照优先级逐步细化。低优先级的条目规模大、粒度粗。在其优先级发生变化前（或者，在再次排序或更高优先级的条目已完成前），使它们一直保持这个状态。但是，对于代表产品整体属性的非功能性需求来说，它们属于例外。应尽早细化非功能性需求，我会在后面详细解释这一点。

在完成初始的产品待办列表后，还有很多发掘新条目的机会。当 Scrum 团队在梳理研讨会上对产品待办列表的条目进行分解和优先级排序时，新的条目会涌现出来。在冲刺评审会议上，当干系人提供反馈时，或者在客户和用户评价新发布的产品增量时，也可能有新的条目被提出。

每当向产品待办列表添加新需求时，都要确保相关的客户需求已经得到正确的理解。要了解该需求为何是必不可少的，以及客户如何从中受益。不要盲目地将需求添加至产品待办列表，因为这可能生成缺乏一致性的、难以管理的愿望清单。要对已有的需求持怀疑态度，将其看作一种负债而非资产。需求只是简单描述了在某一时刻被认为是不可或缺的产品功能。但随着市场和技术的变化，以及 Scrum 团队更多地了解满足客户需求的最佳方式，需求也会发生变化或过时。

3.3.2　描述条目

虽然 Scrum 对如何描述产品待办列表的条目没有具体标准，但我推荐使用用户故事来描述（Cohn，2004）。顾名思义，用户故事讲的是使用该产品的客户或用户的故事。用户故事包含一个名称、简短的描述、验收标准和保持故事完整性的必要条件。用户故事可以是粗粒度的，也可以是详细的。粗粒度的用户故事也被称为"史诗"。这样做可以相对更容易地编写、分解和细化用户故事。当然，你也可以使用其他方法来描述需求。即使选择了用户故事，你也不必觉得有义务把每个条目都描述成用户故事。例如，可用性需求的最佳描述方式就是原型或草图。

使用产品待办列表并不意味着 Scrum 团队不能制作其他有用的工件，包括各种用户角色概要、模拟工作流程的用户故事序列、说明业务规则的图表、展示复杂计算结果的电子表单，以及用户界面的草图、故事板、导航图、原型等。这些工件不会取代产品待办列表，相反，它们更详细地解释了产品待办列表的内容，同时有助于保持产品待办列表的简洁。在使用工件时，应只选择哪些有助于 Scrum 团队早日交付产品的工件。

3.3.3　产品待办列表的层级结构

将相关的条目归为一个"主题"对产品待办列表是有好处的。主题可以充当产品功能的占位符，它们是产品待办列表的组成部分，有助于优先级排序，并有利于信息的检索。例如，在手机的各项功能中，典型的主题有电子邮件、日历、通话和备忘录。一般来说，每个主题都应包括 2～5 个粗粒度的需求。这既足以让我们知道还需要做哪些工作（才能使该产品上市），同时又无须过度细化产品待办列表的内容。主题使产品待办列表具有了一种层级结构，这种结构既包含单独的条目，也包含成组的条目。此外，进一步区分粗粒度条目（如史诗）和详细条目（如用户故事）也是有好处的，这会使产品待办列表更为规范，如表 3.1 所示。

表 3.1　产品待办列表示例

主　　题	粗粒度条目	详　细　条　目	工　作　量
邮件	写邮件	作为企业用户，我要填写邮件的主题	1

表 3.1 中的主题包含粗粒度条目。随着时间的推移，它将被分解为更详细的条目。当团队对条目进行估算时，将记录条目的规模。请注意，你可以独立于产品待办列表工具使用表 3.1 所示的结构。例如，将条目记录在"卡片"上，并把它适当地布置在插针板、白板或办公室的墙壁上。

3.4　产品待办列表的优先级排序

我永远都忘不了那个情景。有一天，我建议一位负责新型健康护理产品的产品经理对她面前的一堆用例进行优先级排序。她看着我，瞪大了眼睛，回答道："我做不到。它们的优先级都很高。"

在进行优先级排序时，需要我们判断各条目的重要程度。如果每个条目的优先级都很高，那么它们都同等重要。实际上，这意味着它们都不重要，也就是说，在完成这些条目后并不一定能交付真正满足客户需求的东西。确保产品待办列表按优先级排序是产品负责人的责任。与其他梳理活动类似，优先级排序的工作最好由整个 Scrum 团队来完成。这样，可以发挥团队的集体智慧，并加深团队对需求的理解。

明确优先级有助于引导团队专注最重要的条目，并逐步锁定产品待办列表的内容。正如前文所述，条目的细化程度是按优先级来确定的。这样做能让排序过程更加灵活，推迟与低优先级条目有关的决策，为 Scrum 团队争取更多的时间来评估各种选项，收集客户反馈，并获得更多知识。最终，这会带来更好的决策和更优秀的产品。

由于个别产品待办列表的条目可能非常少，以至于难以进行排序，所以可以先对主题进行优先级排序。然后，我们再对主题内部的条目或跨主题的条目进行优先级排序。接下来，我们将探讨影响条目优先级排序的一些因素：价值；知识、不确定性和风险；可发布性；依赖性。

3.4.1 价值

价值是一个常见的影响优先级排序的因素。我们肯定希望优先交付最有价值的条目。但什么样的条目才是有价值的？我的答案很简单。对于某个条目来说，如果它对产品上市是必不可少的，那么它就是有价值的。如果达不到这一点，它就是多余的，应将其从当前的发布计划或产品版本中剔除。Scrum 团队应该降低这一条目的优先级，将它置于产品待办列表的底部，或者干脆将其舍弃。这可以使产品待办列表保持简洁，并帮助 Scrum 团队保持专注。如果某个条目对未来的版本很重要，它自然会再次"浮出水面"。

在将某个条目纳入发布计划前，先判断一下：如果没有该条目，产品是否仍能获得预期效果。这可以帮助我们开发出简洁的、包含最小功能的产品（见第 2 章）。例如，苹果公司的第一代和第二代 iPhone 都没有复制/粘贴功能，但这并不影响产品的成功。如果确实需要这一条目，则要探索一下是否存在替代方案［可以获得同样效果，但所需的工作量（或时间）更少或单位成本更低］。虽然这听起来很容易做到，但团队可能被隐藏的假设所限制，而且也不一定能评估所有相关的选项。

不要总是过度关注新的需求，而要复查现有的需求。在

Scrum 团队了解了更多客户需求和正在开发的解决方案后，更好的替代方案可能涌现出来。要对其简化、调整，排序——就像园丁拔掉野草和修剪灌木丛那样。

如果对某个需求有疑问，就将其从发布中剔除，然后迅速交付——就像谷歌公司在开发 Google News（一款聚合全球新闻的应用程序）时做的那样。当时，开发团队无法就按日期还是按地点过滤新闻达成一致。因此，谷歌公司决定两个特性都不要，先将新产品发布出来。在产品发布后不久，新的需求开始涌现。有 300 多位用户要求按日期来过滤，只有 3 位用户希望按地点来过滤——哪个特性的优先级更高一目了然。如果谷歌公司当时决定同时发布这两个特性，就会消耗更多的时间和资金，而且难以收集反馈来判断哪个特性更重要。通过故意发布一款特性不足的产品，谷歌公司很快就发现了自己下一步的工作目标。

3.4.2　知识、不确定性和风险

"风险是产品创新的基本要素。每个关于项目的决策——不管是明确的还是含糊的——都有相关的风险。"史密斯和梅里特持有这样的观点（2002，4）。因此，风险是软件开发的固有部分；任何产品的诞生都是有风险的。不确定性又与风险息息相关。项目的不确定性越高，风险就越高。引发不确定性的原因是知识的

匮乏。我们对要做什么和怎么做所知越少，就意味着不确定性越高。因此，知识、不确定性和风险有着内在的关联。

由于不确定性和风险影响了产品的成功，因此，具有不确定性和风险的条目应该被设为高优先级。这样做可以加速引入新的知识，排除不确定性并降低风险。例如，如果 Scrum 团队无法确定用户界面设计的某些方面，就应收集客户和用户的反馈，以探索和测试可能的设计选项。如果团队不确定是否应当使用第三方的数据库访问层，就应当尽早实现那些能触发数据库通信的需求，以便评估不同选项。请注意，风险也可能隐藏在基础设施或环境中，包括那些尚未建立的构建流程或分散办公的 Scrum 团队。

尽早处理具有不确定性和风险的条目是一种可能在早期导致失败的风险驱动方法。失败发生在早期，可以使 Scrum 团队在仍然有机会的时候做出改变。例如，对架构和技术的选择进行修改，或者调整团队的构成。这种风险驱动的、允许早期失败的方法对一些习惯于传统流程的个体和组织来说是很难接受的，在传统流程中，问题和障碍会在项目晚期才显露出来，并且通常会被视为坏消息，而非学习和改进的机会。

3.4.3　可发布性

尽早发布和频繁发布是推动软件演进为客户喜爱的产品的绝佳方式。在第 4 章中将对其进行讨论。而且，这样做也能有效降低风险。如果 Scrum 团队不确定某个特性是否应该实现以及如何实现，那么尽早发布可以解决这个问题，就像前面 Google News 案例中提到的那样。

尽早且频繁地发布产品增量可能影响产品待办列表的优先级排序。每次发布都应向客户和用户提供有用的功能，从而得到所需的反馈。需要注意的是，通常无须完全实现一个主题；对于尽早发布来说，实现其中的一部分功能就足够了。

3.4.4　依赖性

不管我们是否喜欢，产品待办列表中存在依赖性都是一个不争的事实。例如，功能性需求通常会依赖于其他功能性需求甚至非功能性需求。如果几个团队一起工作，团队之间的依赖性会影响优先级排序，在第 4 章会对此进行更多的讨论。依赖性制约产品待办列表的优先级排序，并会影响对工作量的估算。请注意，与其他条目有依赖关系的条目必须得到优先实施。因此，只要有可能，你就要尝试处理依赖性问题。

将几个独立的条目组合为一个更大的条目或者将条目分割为不同的条目，是两个常见的处理依赖性问题的技巧（Cohn，2004，17）。让我们看一看下面两个用户故事："作为用户，我希望写一条短信"以及"作为用户，我希望写一封电子邮件"。它们之间的依赖性在于两个用户故事都需要文本处理功能。如果我们首先实现了"短信"这个用户故事，"电子邮件"用户故事的工作量会减少，反之亦然。所以，我们的第一反应就是，将这两个用户故事组合为一个更大的用户故事。但这并不是明智之举，因为它会引出一个大型的复合故事。我们还可以有第二个选项：将需求切割。如果将通用的功能提炼为一个独立的用户故事——"作为用户，我希望能键入文本"。那么，两个原始用户故事就不再相互依赖。于是，对两者的估算就不会受到先后顺序的影响。

3.5 准备冲刺计划会议

在每次冲刺计划会议之前，必须将那些可能要在接下来的冲刺中处理的产品待办列表条目准备妥当。准备的过程从选择冲刺目标开始。

3.5.1 选择冲刺目标

冲刺目标概括了希望通过冲刺实现的结果。冲刺目标的实现应该使 Scrum 团队离成功发布产品又近了一步。例如，一位产品负责人（我曾与他共事过）为其项目制定的第一个冲刺目标是：树大根深。该目标非常精彩地描述了冲刺的愿景：为余下的项目打下坚实的基础。优秀的冲刺目标既要远大又要务实。它应为团队留出一些操作空间，如果团队没有承诺要完成所有顶部的产品待办列表条目，那么它仍然有效。如同参与所有的梳理活动一样，团队也应参与冲刺目标的制定，这可以确保清晰度并让团队更好地接受目标。

冲刺目标之所以有意义，有以下几方面原因：

- 它在产品负责人、Scrum Master 和团队之间建立了一致性——大家为共同的目标而奋斗。
- 它通过限制特定冲刺中需要处理的需求类型来使变动最小化，例如，选择同一主题下的需求条目。这有利于团队的紧密合作，并有助于提高团队速率。
- 它更容易将团队的工作内容传达给干系人。

需要注意的是，选择冲刺目标会导致产品待办列表的优先级排序发生变更，包括将条目从顶部下移或者从底部上移。你可能不得不在一个有凝聚力的冲刺目标和快速推进项目之间做出权衡。一旦确定了冲刺目标，所有相关的需求条目都应该处于产品待办列表的顶部。

3.5.2 准备恰好够用的条目

一旦选择了冲刺目标，我们就要为即将到来的冲刺准备足够的条目。（我将在本章后面讨论需要进一步展望的大型项目。）在首个冲刺的过程中，梳理第二个冲刺所需的条目，在第二个冲刺的过程中，梳理第三个冲刺所需的条目，以此类推。这种方式的好处颇多：它能使花费在描述产品待办列表条目上的时间和金钱降到最低；它还能让细化的条目数量保持最少——提供不必要的多余信息也是一种浪费。通过只细化下个冲刺可能选到的条目，使产品待办列表得以演进。

为冲刺计划会议准备条目，需要对较大的产品待办列表条目进行分解，直到这些条目的规模正好适合一个冲刺，还要对这些条目进行细化，使其清晰、可实现并可测试。图 3.2 显示了这一过程。需要注意的是，这些条目的分解可能涉及数个冲刺，稍后我将进行说明。

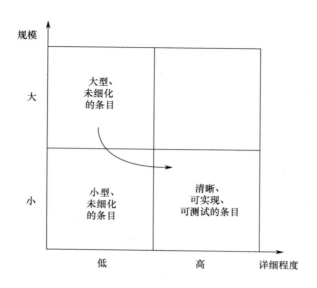

图 3.2 分解和细化产品待办列表中的条目

　　需要准备多少条目，取决于团队的速率和所需的实施粒度。团队速率越高，需要准备的条目就越多。最好能多梳理一些额外的条目以增加灵活性。当团队的冲刺进程超出预期时，这些额外的条目就可以派上用场。我发现，处理可以在几天内完成的小需求是有益的（与冲刺的时间无关）。这提升了团队在冲刺中跟踪进度的能力，以及团队的自组织能力：团队进度不仅取决于剩余的任务数量，还取决于已经测试和记录的新完成的功能数量。小需求也最大限度地减少了正在进行的工作量，降低了在冲刺结束时仍存在工作部分完成（或有缺陷）的风险。此外，小的条目有助于团队做出现实的承诺。而大的条目可能包含过多的、团队无法完全识别的任务。

3.5.3　分解条目

分解产品待办列表条目意味着使它们越来越小，直到它们的大小适合在一个冲刺中完成。这一进程也被称作"渐进式需求分解"（Reinertsen，1997），其持续时间可能超过一个冲刺。在实施一个条目前，你可能必须提前几个冲刺就开始对其进行分解，特别是当条目比较大且比较复杂时。这也使我们在细化条目前有足够的时间从客户、用户和其他干系人处收集到必要的反馈。让我们看一下如何对用户故事进行渐进式分解。

如图 3.3 所示，Scrum 团队最初在产品待办列表中添加的是史诗"写邮件"。由于它太大、太模糊，无法在一个冲刺中交付，因此先将这个史诗分解为几个粗粒度的用户故事。然后，将"指定收件人"这个故事进一步分解为两个细粒度的用户故事。现在，这些故事已够小，能够放进一个冲刺中了。这个史诗是一个典型的复合故事，即要实现多个目标的用户故事（Cohn，2004，24~25）。在分解这样的用户故事时，我们建议把每个目标写成一个单独的故事。因此，"写邮件"可被分解成"填写主题""指定收件人"和"设置重要程度"三个故事。

还有一些用户故事也必须被分解，包括复杂的故事和具有"怪兽"级标准的故事。所谓复杂的故事就是故事的规模太大，包含了太多的功能和不确定性，所以无法在一个冲刺中交付（Cohn，2004，25～26）。如果故事的不确定性太大，我们可以在产品待办列表中增加一条或多条用于探索不确定性并获取相关知识的条目（例如，"探索将 JavaServer Faces 作为用户界面的技术可行性"）。如果用户故事描述的功能过多，我们应将其分成几个故事，使功能以增量交付的方式实现。这种技术也被称作"切蛋糕"（Cohn，2004，76）。例如，可以将"验证用户"分成"验证用户名称"和"验证密码"两个故事。

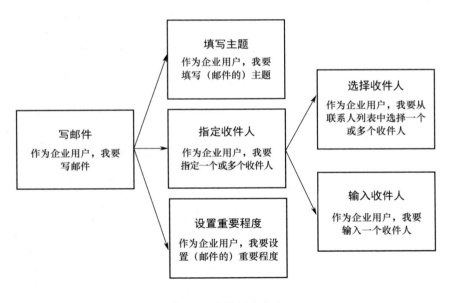

图 3.3　分解用户故事

有时，如果我们不考虑验收标准，用户故事看似也没什么问题。如果验收标准过多——数量超过 10 个，或者验收标准背后还隐藏着其他需求，我们就需要重新分解故事。以用户故事"作为用户，我希望可以删除短信"为例，其验收标准为："我可以选择任何短信；我可以删除短信；我可以保存修改过的短信。"在这三个标准中，第二个标准是多余的。而另外两个标准引入了新的需求，而不是明确了故事的验收标准。应将这个用户故事分成三个故事：删除短信；编辑短信；保存修改后的短信。

3.5.4 确保清晰、可实现、可测试

一旦将条目分解到足够小的规模，我们就必须保证它是清晰、可实现和可测试的。清晰意味着所有 Scrum 团队成员对需求的理解达成一致。在描述需求时，应采取协作的形式，并以简洁的方式表述待办列表中的条目，这有助于确保条目是清晰的。可实现意味着，根据团队定义的完成标准，条目可以在一个冲刺中完成（在第 5 章中将讨论完成标准的定义）。为了确保条目是可实现的，我们要考虑它与其他功能性需求和非功能性需求之间的依赖性。例如，如果某个用户故事受制于某用户界面需求，那么产品增量的定义就必须非常清晰。如果做不到这一点，团队就应该在实施该用户故事前，先探索与其关联的用户界面需求。假如探索所需的工作量很大，则应该通过一次专门的冲刺来解决，例如，做一个一次性的原型来研究用户界面设计。可测试意味着，

存在一种有效的方法可确定需求是否在实施该条目的冲刺中得到了满足。必须为用户故事设定验收标准，以确保每个用户故事是可测试的。

3.6 条目的规模

对产品待办列表条目进行估算，有助于我们理解它们大致的规模，以及交付它们可能需要的工作量。这很有用，原因有两个：第一，它有利于对条目进行优先级排序；第二，它使我们能够跟踪并预测项目的进展情况。需要注意的是，在 Scrum 中存在两种不同程度的估算：一种是，基于产品待办列表的粗粒度估算，用于揭示条目的大致规模；另一种是，基于冲刺待办列表的细粒度估算，用于说明任务的规模（通常以小时为单位）。在这一节中，我们讨论的是如何对产品待办列表中的条目进行估算。每当发现新条目，修改现有条目，或者团队对条目规模的理解发生变化时，就需要重新估算条目。因此，我们需要一种快速且简单的度量工具。我个人最喜欢使用故事点。

3.6.1 故事点

故事点是一种对原始工作量和规模的粗粒度的、相对的度量方式。对于 1 个故事点大小的条目，其规模是 2 个故事点大小的条目的一半。而对于 3 个故事点大小的条目，其所需的工作量等于 1 个故事点大小的条目与 2 个故事点大小的条目之和。

相对度量利用了"规模本身就是相对的"这一事实，因为从语义上讲"大"和"小"取决于我们选的参照物。我的鼠标与笔记本相比是小的，但它与 U 盘相比是大的。表 3.2 列举了一些常用的故事点种类。

表 3.2　常用的故事点种类

故 事 点	T 恤衫的尺寸
0	基本没有工作量，已实施的条目
1	XS　　　　（特小）
2	S　　　　（小）
3	M　　　　（中）
5	L　　　　（大）
8	XL　　　　（特大）
13	XXL　　　　（加大）
20	XXXL　　　　（超大）

表 3.2 中的非线性序列能够加速团队的决策过程。它可避免团队在使用线性值时对所谓的"正确值"进行冗长的讨论。团队可以扩展表 3.2 中显示的范围，如添加 40 或 100 这样的较大数值，但要保证相对估算的正确性。无论选择什么范围的数值，只要团队满意并坚持使用即可。由于故事点是相对的，具有主观性，因此不能跨团队进行比较，除非所有团队对共同使用的范围能够在

语义上达成一致。

3.6.2　计划扑克

使用故事点虽然很棒，但这还不够。我们需要引入一些基于团队的有效的估算技巧。计划扑克正是这样的一种技巧（Cohn，2005，56～59）。在使用计划扑克时，每位团队成员都会获得一副扑克牌，其中包含了所有商定的故事点值。例如，如果我们使用表 3.2 中的范围，这副扑克就应当有 8 张，每张显示范围内的一个故事点。当每位参与者都有一副扑克牌后，就可以开始估算了。

如果这是团队第一次估算待办列表条目，团队需要明确范围中的故事点对他们来说意味着什么。为实现这个目的，很多团队会选择一个大家认为很小的条目开始估算。或者，团队也可以选择最小的、最大的和中等规模的条目，然后轮流对其估算。相反，如果团队对范围比较熟悉，通常会从优先级最高的条目开始，然后逐步往下完成估算。

在团队进行估算前，产品负责人要向团队成员解释条目，然后团队成员根据完成标准，对交付条目所需的步骤进行简短讨论。在讨论后，团队成员独自确定条目的规模，此时，不必假定谁来实现这个条目，因为该决定会在之后的 Scrum 每日站会中做出。每位团队成员选出一张具有合理估算的牌，然后将其反扣在桌面上。当所有人都出完牌后，团队成员再将牌同时翻过来。如果估算值有差异，那么估算值偏差最大的两个团队成员要对其估算理由做出简短的解释。然后，团队再重新估算。团队成员将收回自己的牌，并再次选出最符合其估算的牌。在第二轮出牌时，每个人给出的估算值可能发生变化，但也有可能没有变化。就这样一直循环，直到大家的估算趋于一致。决策规则要始终如一，所有的团队成员都应认同估算的结果。一旦团队估算完两个或两个以上的条目，就应该将同等规模的条目放在一起，并将新的估算与现有的估算进行比较，以保证相对规模是正确的。

估算非功能性需求

对于那些应用于功能性需求的非功能性需求来说，如性能或用户体验，通常不会对其进行单独估算。相反，它们会被包含在团队的完成标准中。但是，如果需要执行专门的工作（例如，探索不同的用户界面设计选项，或者进行架构的重构）来实现非功能性需求，就应将相关的条目放在产品待办列表中，并由团队对其进行估算。将非功能性需求纳入完成标准并不意味着它们得

来全不费工夫。事实恰恰相反，完成标准影响着条目的
估算。

为了获得合理且准确的估算，需要满足以下三点：团队必须
大致了解交付一个条目需要哪些工作；团队成员必须能够判断该
条目与其他条目之间存在的依赖关系；必须要有完成标准。如果
团队认为当前无法对条目进行估算，就应在待办列表中添加一个
用于探索估算所需相关知识的新条目，如"创建原型或模型来探
索用户界面的设计选项"。

只有那些开发产品增量的团队成员才能估算产品待办列表的
条目。产品负责人和 Scrum Master 都不应该参加估算，甚至不能
干涉估算（除非他们也是团队中的执行者，或者团队主动向其征
求意见）。但是，产品负责人必须出席估算会议。很多产品待办列
表的条目都是模糊不清的，产品负责人需要对其进行进一步的解
释和澄清。

快速估算

如果团队的时间太紧，无法使用计划扑克，则可以
使用下面的估算技巧。将会议室中的一面墙分成几个区
域，在每个区域都贴上故事点范围中的不同数字标签。
将产品待办列表的条目打印到卡片上，然后，将其放在

桌子上。让每位团队成员选择一张卡片，做出估算，然后将卡片贴到墙上对应其估算规模的区域内，要确保条目与该区域内其他条目的规模相符。如果有人发现卡片的位置不合适，他应当立即将卡片移到正确的区域内。这一方法可以迅速估算大量的条目，同时，所需的工作量又很少。其主要缺陷在于，团队没有对条目的规模进行讨论。因此，快速估算的估算质量不如计划扑克的估算质量高。

3.7　处理非功能性需求

非功能性需求也被称为"操作性需求"、系统质量或约束，是软件开发中的"丑小鸭"。虽然它们描述了一些重要属性，如性能、健壮性、可扩展性、易用性、技巧性和合规性需求（例如，支持协议或获取证书的能力），但是它们经常被忽略。它们会影响用户界面设计、架构和技术选择，对产品的总成本和产品寿命也都有影响。这一节将讨论如何描述并管理 Scrum 中的非功能性需求。

3.7.1　描述非功能性需求

非功能性需求也可以用约束来表达（Newkirk 和 Martin，

2001，16~18）。例如，我们可以像图 3.4 那样描述性能需求。

性能约束	验收标准
系统必须在1秒内对任何请求做出响应	· 同时发生10 000次读写操作 · 每次操作的数据大小都是500KB · 系统配置为"小型企业"

图 3.4　非功能性需求可以用约束来表达

用户体验类的需求最好用草图、故事板、用户界面导航图和原型来表现。根据我的经验，相比文本形式的用户界面指南，团队更喜欢上述这些工件。

3.7.2　管理非功能性需求

在管理非功能性需求时，将全局需求和局部需求区分开来会很有帮助。前者与所有功能性需求都有关联，通常会形成一个类别。图 3.4 就是一个性能约束的示例。在创建愿景或保存产品待办列表时，我们应尽早且详细地描述全局需求。发掘和细化工作如果做得太晚，就会造成选择性错误，并对产品的成功带来负面影响。可以在产品待办列表中单独记录全局需求，如表 3.3 所示。

将全局的非功能性需求纳入完成标准通常是一个好的做法。这会让每个产品增量都必须满足这些需求。

表 3.3　具有非功能性需求的典型产品待办列表

功能性需求				非功能性需求
主题	粗粒度需求	详细需求	工作量	
邮件	写邮件	作为企业用户，我要填写邮件的主题	1	产品必须在 1 秒内响应任何请求

与全局的非功能性需求相比，局部的非功能性需求只应用于特定的功能性需求。例如，在检索信息时的具体性能需求。如果将非功能性需求表述为约束，我们只需将约束附加到用户故事中，纽柯克、马丁（2001）和科恩（2004）也是这样建议的。这可以通过在用户故事中标注约束来实现。

3.8　产品待办列表的扩展

大型项目会带来新的挑战。其中之一就是如何扩展产品待办列表。为解决这个问题，可以：使用唯一的产品待办列表；扩展梳理范围；提供产品待办列表视图。

3.8.1　使用唯一的产品待办列表

当你在某个大型 Scrum 项目中工作时，要保证有一个唯一的、包含了产品上市所必需的全部工作的产品待办列表。要避免生成特定团队的产品待办列表或特定组件的产品待办列表——这会使产品需求转化为子系统或组件需求。由于它们会从产品待办列表中分离出来，并且我们必须对它们进行同步的梳理和维护，所以会带来很大的开销。尽量让所有团队使用同一个产品待办列表，并尽量组建特性团队而非组件团队（这些都在第 1 章中讨论过）。达林·费舍尔（Darin Fisher）是负责 Chrome 浏览器项目的工程师。对于谷歌公司如何使用唯一的产品待办列表来服务大型项目，他是这样说的：“当涉及需求时，我们通过头脑风暴会议中的很多流程来与团队讨论特性。在谷歌公司内部，有一个公开的邮件列表，供大家讨论什么样的特性看起来很酷……我们尽量使特性聚焦和最小化。然后，我们与整个团队分享特性清单，大家可以自行选择希望开发的特性。”

3.8.2　扩展梳理范围

对于大型 Scrum 项目来说，要及时分解和细化产品待办列表条目。但是，梳理范围会有所变化。在准备产品待办列表时，大型项目更关注接下来的 2～3 个冲刺，而不是只看接下来的 1 个冲刺（在第 4 章中将进一步讨论）。因此，相比小型项目，在大型 Scrum 项目中，细化的产品待办列表条目的清单要长得多。

3.8.3　提供产品待办列表视图

由多个特性团队共同协作的大型敏捷项目，可以从使用产品待办列表视图中受益（Cohn，2009，330～331）。每个视图都显示了产品待办列表的一个子集。例如，如果某个特性团队将在接下来的几个冲刺中处理"备忘录"这一主题，那么产品待办列表的团队视图就由相应的产品待办列表子集组成。这些视图可以防止多个产品负责人与处理同一产品待办列表的团队发生冲突。

3.9 常见错误

虽然产品待办列表是一个非常简单的工具，但要用好它也不是那么容易的。在使用时要警惕这些常见错误：将需求规格说明书当成产品待办列表；成为给圣诞老人的愿望清单；将需求推诿给团队；忽略产品待办列表的梳理；一个团队有好几个产品待办列表。

3.9.1 将需求规格说明书当成产品待办列表

"伪装"成产品待办列表的需求规格说明书简直就是乔装打扮的恶魔：它看起来整洁、漂亮、完美。它之所以诱人，是因为它唤醒了我们的旧愿望：希望提前了解所有需求。但它有其阴暗面。产品待办列表如果太详尽、太全面，需求就无法得到演化。它将需求视为固定的、确定的，而非易变的、短暂的；它在一开始就将如何满足客户需求这件事固定下来。

如果将需求规格说明书当成产品待办列表，很可能暗示着产品负责人和团队之间的关系出了问题。如果你遇到这样的产品待办列表，先检查一下产品愿景是否可行。如果可行，就从产品愿景中提取一个新的产品待办列表，扔掉伪装成产品待办列表的需求规格说明书。如果没有产品愿景，就停下手头的工作，先创建产品愿景。当然，你也可以选择埋头苦干，与伪装的产品待办列表搏斗，提取主题，将需求条目改写为用户故事，并努力对产品待办列表进行优先级排序。但是，这并不会增加发布成功产品的机会。

3.9.2　成为给圣诞老人的愿望清单

如果产品待办列表看起来像孩子们写给圣诞老人的愿望清单，那么它必将包含我们能想到的、可能需要的所有工作。这份产品待办列表不再是一系列未完成的工作；相反，它成了一个需求的数据库。由于识别出的功能数量太多，我们不仅很难对其进行优先级排序，而且也限制了产品基于客户和用户反馈进行演化的能力。请记住，使用产品创意或产品愿景来判断哪些条目对开发和发布成功的产品至关重要，把其他的都扔掉吧！

3.9.3　将需求推诿给团队

　　有时，产品负责人会独立编写产品待办列表的条目，然后在冲刺计划会议上将它交给团队。这种做法强化了旧的"他们和我们"的分歧——这部分归产品负责人，那部分归团队。这浪费了团队的智慧、经验和创造力，并增加了冲刺计划会议的难度。要确保产品负责人能够让 Scrum 团队参与产品待办列表的梳理工作。对于每个冲刺，都要召开一次或多次梳理研讨会，邀请 Scrum 团队的其他成员参加，并提醒团队在每个冲刺中都为梳理工作留出时间。牢记《敏捷宣言》中的协作原则：在项目实施过程中，业务人员与开发人员必须始终通力协作（Beck，2001）。

3.9.4　忽略产品待办列表的梳理

　　我参加过的大多数冲刺计划会议都很有趣。在少数无趣的会议中，总存在没有梳理好的产品待办列表。如果产品待办列表在会议前没有得到梳理，产品负责人和团队通常不得不在会议上临时梳理，这样一来，会浪费宝贵的会议时间，并导致需求的质量低，人们对完成需求的承诺也很无力。而且，每个人在会议结束后都觉得精疲力竭。请注意，如果产品待办列表没有得到适当的梳理，就不要开始下一个冲刺——在产品待办列表准备妥当后，再开始下一个冲刺。

3.9.5 一个团队有好几个产品待办列表

我的一个客户曾让一个团队与 5 位产品负责人一同工作。由于每位产品负责人都希望尽快完成尽量多的工作，所以在每个冲刺中，团队都被要求同时处理 5 个产品待办列表。这让产品负责人在某种程度上觉得满意，因为他们知道自己的需求正在被处理。但同时他们又觉得很不满意，因为任何需求都要花很长时间才能做完。同时处理多个产品待办列表看起来不错，因为大家都在忙，一切工作都在进行中。但是，没有任何条目能取得快速进展，团队也永远不会有一个统一的冲刺目标——持续在任务切换中浪费时间。

如果你的团队不得不应对多个产品待办列表，那么要保证在每个冲刺中只专注一个产品。更好的做法是，让团队在连续的几个冲刺中只处理一个产品，这样他们就能迅速发布一个新的产品版本。然后，再开始着手下一个产品。这种方法要求对产品进行优先级排序，并且建立一个产品组合的管理过程。我这个客户的问题最终追溯到公司的 CEO，他希望所有的工作都可以提前完成，但又很难给出优先级来指导这些产品负责人。

3.10　反思

相信自己的创造力，让产品待办列表的内容自然涌现出来。保持产品待办列表的简洁和精练。只关注产品上市所需的重要条目。在必要时要勇敢一些，把那些无用的条目清理掉。回答以下问题可帮助你应用本章所描述的概念：

- 在工作中，你是如何发掘并描述需求的？
- 你的产品待办列表展现 DEEP 特征了吗？
- 你是如何梳理产品待办列表的？
- 为了在每个冲刺中通过协作来发掘并描述需求，需要做哪些具体工作？
- 你是如何处理非功能性需求的？它们是在何时以什么样的方式被记录的？

第 4 章

产品发布计划

4

"计划……就是对价值的探寻。"科恩（Cohn，2005，5）这样写道。发布计划支撑了成功产品的研发和发布。它促进了 Scrum 团队与干系人之间的对话，并回答了"项目在什么时候交付哪些功能"这个问题。发布计划贯穿项目始终，同时，团队要倾听并回应来自客户和用户的反馈。应放弃文档驱动型的计划和汇报，转而使用交流与对话，并允许 Scrum 团队使用简单的技术，这将使计划变得更简单、更透明。尽管发布计划是协作的工作，但产品负责人要确保做出所有必要的决策。

本章讨论的是发布计划中最基本的概念和技巧。要想了解更全面和更详细的内容，可以参考《敏捷估算和计划》（Cohn，2005）。

4.1　时间、成本和功能

发布计划始于对项目因素（时间、成本和功能）的判断，即哪些因素对于发布成功的产品来说是不可或缺的。是否必须遵守发布日期？开发预算是否固定？产品待办列表中的所有产品需求是否都必须交付？我们不可能同时固定时间、成本和功能，在这三个因素中，至少有一个要起到调节作用。我的建议是，固定时间但让功能有灵活性。

固定功能是个坏主意。因为，即使有了产品愿景，但也无法预知产品的确切属性、功能和特性，它们是在客户和用户反馈的基础上被发掘出来的。随着 Scrum 团队更多地了解客户需求并逐渐明确如何更好地满足这些需求，产品需求自然会涌现出来，而产品待办列表也会随之得到演化。试图固定功能会严重削弱团队调整产品以满足客户需求的能力。这很可能带来一款劣质产品——不是客户喜爱的产品。

产品愿景有助于确定发布日期。产品愿景能让我们确定机会之窗，即产品必须在什么样的时间框架内发布才能取得预期的收益。固定时间（机会之窗）的做法保护了最宝贵的资源——时间。如果错过时间，机会也就不复存在，产品即使发布了也不再有意义。需要注意的是，根据产品待办列表中剩余的工作量来选择发布日期是错误的，这会迫使团队冻结需求，并导致糟糕的估算结果。实际上，基于需求所确定的发布日期可能与实际日期相差60%～160%，预期在20周内完成的项目实际完成时间可能为12～32周（Cohn，2005，4）。这种大家熟知的关联性被称为"不确定性锥"。确定机会之窗而不是试图估算一个大概的发布日期就能避免以上问题。

固定日期使我们有机会保持稳定的创新节奏，为每次发布指定相同长度的时间盒可以做到这一点。听起来有些疯狂？好吧，Salesforce这家顶级客户关系管理（CRM）服务提供商就是这么做的——并且还相当成功。Salesforce公司在2006年发现，经过几年的快速发展后，公司陷入了一个困难的局面。公司发布新产品的能力已降到每年只有一次，生产效率也急剧下降。为了扭转局面，公司引入了Scrum。Salesforce公司的平台开发副总裁克里斯·弗莱（Chris Fry）这样解释道：

> "Salesforce公司之所以要向敏捷转型，就是希望能够实现更短、更可预测的发布。在过去的一年里，我们没有完成哪怕一次重大的发布，我们希望有一份更可预

测的发布计划，使我们能以一个稳定的速率向客户交付
价值。"

自从引入 Scrum 后，Salesforce 公司就开始遵循严格的创新节奏。"整个组织的交付周期从 12 个月一次变成了 4 个月一次，并按计划每年交付 3 次重大发布。这种改变涉及了所有的产品软件开发、技术运维及内部 IT 系统。" Salesforce 公司负责项目管理和敏捷开发的副总裁史蒂夫·格林（Steve Greene）这样说。结果令人震惊。通过建立短期且稳定的发布周期，Salesforce 公司交付的特性数量增长了 97%。同时，公司成功地将新功能的交付时间缩短了 61%。估算和计划也变得更高效、更准确。现在，对于 Salesforce 公司的客户而言，他们能更容易地为产品的下一次更新做好准备。与此同时，开发团队的心情也更加愉悦（Greene 和 Fry，2008）。

固定发布日期并使用稳定的 Scrum 团队能让预算的确定一目了然——假设劳动力是决定性的成本因素。如果你要扩大项目的规模，准确预测预算就更加困难了，特别是对于新产品开发的项目而言。如果预算有超标的危险，产品负责人就必须做出选择：要么减少交付的功能，要么让更多的人员加入项目进而增加成本——前提是新增的项目成员还有足够的时间来提升他们的生产力。例如，苹果公司就曾经为了不改变第一款 iPhone 手机的发布

日期，而决定提高成本并给项目增加人手。但是，我们要警惕布鲁克斯法则（Brooks's Law）：向进度落后的 IT 项目增加人手，只会使项目更加落后（Brooks，1995，25）。

如何处理固定价格的合同？

如果有选择的话，应避免那些固定价格和固定范围的项目。如果没有选择，可以尝试一下这样做：将固定价格的合同一分为二，变成两个连续的项目。第一个项目用于创建产品愿景，并用 2～3 个冲刺来实现部分产品愿景。在这个项目结束时，产品待办列表就已经根据客户的反馈得到了演化。因此，你能为第二个项目做出更准确的预算估算，并制订更切实可行的发布计划。我们要认识到这一点：Scrum 是一种颠覆性的流程创新。就像对待任何颠覆式创新一样，你的顾客和客户可能不欢迎创新，因为他们认为自己已经拥有了可行的方案。

4.2　冻结质量

我们已经看到，产品的功能会发生演化，其准确度也会随着项目的进展而提高：外观、感觉和整体的用户体验都有可能逐步得到改善。但在 Scrum 中，软件的质量是被冻结的。质量标准被记录在完成标准中。完成标准通常要求在每个冲刺末期，都产生（潜在的）可交付的产品增量：即经过测试的、已文档化的并可以发布的可执行软件。质量保障措施和控制措施是每个冲刺中必不可少的组成部分，而不是在项目快结束时执行的补救措施。

保证每个冲刺都交付高质量的增量是至关重要的。产品负责人不要鼓励团队牺牲软件质量，并且永远也不要接受不符合完成标准的工作结果。牺牲质量的代价就是交付有缺陷的产品增量；无法清晰地判断项目的进展情况；也无法尽早且频繁地发布。牺牲质量还会造成长期的负面影响。它会引发技术债，使软件的扩展和维护变得困难（Cunningham，1992）。它会破坏我们的声誉，引发客户的不满。其实，牺牲质量就是用短期收益换取长期发展。你牺牲的其实是更美好、更光明的未来。

4.3　尽早且频繁发布

"我们的最高目标是，通过尽早和持续交付有价值的软件来满足客户需求。"《敏捷宣言》中提及并推荐这样的做法："不断交付可工作的软件，周期从几周到几个月，当然周期越短越好。"

（Beck，2001）向目标客户尽早且频繁地发布产品增量——而非一次性交付最终产品——可以使我们获得宝贵的反馈意见。

这样做可以让产品按照客户的反馈而演化，也可以避免 Scrum 团队开发错误的特性，或者开发出功能过多或过少的产品。这样做还可以帮我们开发出恰到好处的产品。

频繁发布的做法之所以非常强大，原因在于客户和用户可以在目标环境中使用产品，而不是简单地在冲刺评审会上观看演示。另外，尽早发布还能让 Scrum 团队接触到更大的客户群，从而降低选择错误目标客户的风险。尽早发布软件还会带来另一个好处：可以快速揭示产品愿景中的不妥之处，使我们可以有机会修改产品愿景，或者干脆在早期就取消项目。

举个例子。谷歌公司负责开发 Chrome 浏览器的团队一开始认为应当完全放弃书签栏。但是，用户反馈显示，有些人还是喜欢通过点击书签栏来导航。因此，团队想出了一个新的解决方案：如果用户以前在 IE 浏览器或 Firefox 浏览器中配置了书签栏，那么 Chrome 浏览器会自动导入这个设置。否则，用户将不会看到书签栏，除非他自己设置。如果没有发布早期的浏览器版本，团队就不可能发现书签栏的重要性，最终交付的可能是不太理想的产品。事实上，频繁发布是谷歌公司创新能力的重要组成部分，正如 *The Google Way* 一书的作者伯纳德•吉拉德所观察到的那样：通过快速将产品推向市场——不管它是否准备好了，谷歌公司实现了利益的最大化并缩短了与竞争对手的差距……谷歌公司"尽早且频繁发布"的策略是一个聪明而富有创造力的市场策略：它劝退了潜在的竞争对手，提高了进入市场的成本，并牢牢地将客户掌握在谷歌公司的势力范围内（Girard，2009，86）。

天下没有免费的午餐，频繁发布是要付出代价的：软件的质量必须高，产品必须容易获得和安装。在早期发布的产品增量中仅实现一部分功能是完全可以的。发布的功能仅为用户带来有限的好处也是可以接受的。但是，所有产品增量的质量都必须符合完成标准。这允许团队在未来的冲刺中迅速地调整产品，并防止出现破坏产品声誉的缺陷。敏捷开发实践——如测试驱动开发、自动化测试、重构和持续集成等——对开发可交付的产品增量也起到了促进作用。团队需要一些时间来学会这些有用的实践，而这些实践的应用可能还需要基础设施和环境的改变。

如果很难获得或安装产品的新版本，客户会拒绝或忽略更新。虽然这样做具有相当大的挑战，"但任何大型项目都可以被分解为一系列更小、可以更早交付的产品。不要气馁，即使你为此必须改变技术解决方案。你应该关注结果，而不是技术（Gilb，1988，336）"。

4.4 季度循环

在 Scrum 中并没有强制规定一个项目应当持续多久。但是，敏捷项目所需的时间通常不会超过 3～6 个月。如果产品上市需要 4 个月以上的时间，就应当使用季度循环：每季度至少发布一个可工作的、经测试的和文档化的软件版本（Beck 和 Andres，2005，47～48）。谷歌公司在首版 Chrome 浏览器的两年开发周期中就使用了季度循环。达林·费舍尔（Darin Fisher）这样描述了该过程："我们按季度安排工作，这样我们每个季度都可以对现有文档（产品待办列表）进行修改；例如，在这个季度中，我们会将注意力放到某个子集上，等等。这有助于推动产品向前发展，并确保谷歌公司的所有员工都能尽早使用该产品，这样，我们就能持续获得反馈。"另一家系统地使用季度循环的公司是医疗护理产品提供商 PatientKeeper。这家公司每 3 个月发布一个新版本的产品（Sutherland，2005）。注意，对于 PatientKeeper 公司的产品来说，安全性是至关重要的——产品需要获得 FDA 认证，并要部署到各种各样的医疗环境中。这是一项重大成就，并为公司赢得了巨大的竞争优势。PatientKeeper 公司能够发展为医疗护理移动应用领域的领导者，并将竞争对手远远甩在身后绝非偶然。

4.5 速率

速率显示的是团队在一个冲刺中可以完成多少工作，我们可以通过它来跟踪并预测项目的进展情况。更准确地说，速率是产品负责人在冲刺中接受的工作结果的总和。让我们先看一个例子。在冲刺计划会议中，团队承诺交付 6 个故事，总工作量为 12 个故事点。现在，处于冲刺的末期，产品负责人在仔细检查增量后发现，所有的需求已经按照完成标准交付完毕，只有一个除外：故事 D 中的一小部分文档没有完成。由于 D 并未完成，其故事点将不会被计入团队速率，如表 4.1 所示。被接受的产品待办列表条目的故事点总量为 10，因此，团队在这个冲刺中的速率为 10 个故事点。

表 4.1　确定速率

产品待办列表条目	故事点	评审结果
A	1	接受
B	3	接受
C	1	接受
D	2	否决
E	2	接受
F	3	接受

如示例所示，最好通过观察团队将产品待办列表条目转化为产品增量的能力来确定速率。"可工作的软件是进度的主要测量标准。"《敏捷软件开发宣言》早就指出了这一点（Beck，2001）。需要注意的是，速率可能因一系列因素的影响而发生变化，包括团队建设活力、障碍及可用性等。例如，如果团队中的几个成员同时休假，速率就很可能降下来。而在有新团队参与，或者开发新产品的项目中，速率可能在 2～3 个冲刺后才稳定下来（Cohn，2005，179）。

速率是针对具体团队而言的，一般来说，不能在团队之间比较速率——除非团队使用具有相同意义的故事点。开发 A 产品的 1 号团队的速率为 40，开发 B 产品的 2 号团队的速率为 20，这并不能说明 1 号团队的生产效率比 2 号团队高。也许，只是 1 号团队使用的估算值比 2 号团队使用的估算值更低一些罢了。

4.6　发布燃尽

发布燃尽是一种用来跟踪和预测 Scrum 项目进展情况的基本工件。它有两种形式：燃尽图和燃尽柱。让我们首先看一下发布燃尽图。

4.6.1 发布燃尽图

我们可以通过发布燃尽图来跟踪并预测项目的进展（Schwaber 和 Beedle，2002，83~88）。发布燃尽图根据过去几个冲刺的速率，来预测未来的速率，以便 Scrum 团队能对产品和项目进行必要的调整。发布燃尽图建立在如下两个因素之上：产品待办列表中的剩余工作量和时间。最好在冲刺评审会议上创建或更新发布燃尽图，因为这时的冲刺结果已经明确了。

创建发布燃尽图很简单。首先，我们画出一个坐标系，x 轴的单位是冲刺的数量，y 轴的单位是故事点（也可以用其他工作量测量标准）。第一个数据点是在所有开发活动开始之前对整个待办列表中工作量的估算。下一个数据点则是在第一个冲刺末期产品待办列表中的剩余工作量。然后，我们在两点之间画一条线，这条线被称为"燃尽线"。它代表了产品待办列表中工作量的消耗速度。如果将燃尽线沿着 x 轴延伸，我们就可以预测项目完成的时间——假设工作量和速率是稳定的。我们先看一个简单的发布燃尽图示例，如图 4.1 所示。

图 4.1 所示的发布燃尽图显示了两条线。实线为实际燃尽线，它记录的是当前的进展及剩余的工作量。我们一眼就可以看出：项目在开始阶段进展得非常缓慢。这可能是由障碍和风险、

团队建设或技术问题等引起的。在第 3 个冲刺中，剩余工作量甚至增加了。这可能是由团队重新估算了产品待办列表条目，或者发现了实现产品愿景所需的新需求引起的。

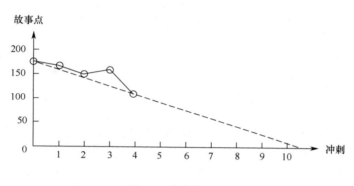

图 4.1　发布燃尽图

第 4 个冲刺的燃尽线非常陡峭，这说明项目进展的速度加快了。如果现在回顾过去的冲刺，我们就可以创建一个燃尽趋势，如图 4.1 中的虚线所示。燃尽趋势预测了下一个冲刺的进展。它显示了，如果产品待办列表中的剩余工作量和进展速度保持不变，项目不可能在 10 个冲刺后完成——这个项目偏离了轨道。认识到了这一点，Scrum 团队就可以调查一下原因。是进展太慢，还是工作量太大？一旦搞清楚原因，团队就可以采取正确的行动。例如，如果发布日期是固定的，团队可以减少功能，或者要求为团队增派一位专家。

　　"在使用发布燃尽图时，必须仔细思考。"我的同事斯特凡・鲁克（Stefan Rook）曾这样指出。这是一个激发对话并促进调查的简单工具。要仔细选择使用的时机，并决定是考虑所有冲刺，还是只考虑部分冲刺。搞清楚在任何一个冲刺中是否出现了可能扭曲预测结果的异常（例如，团队成员生病，服务器瘫痪导致开发中断，或者团队取得了特殊的进展），然后相应地调整趋势线。

顺便提一下，在创建、更新和保存发布燃尽图时，我最喜欢用的工具就是白板纸，因为这有利于对话与协作。同时，它还避免了电子报表给人的那种虚假的准确感。无论使用何种工具，将发布燃尽图在团队办公室中展示，或者将其带到冲刺评审会议上都是不错的主意。

4.6.2　发布燃尽柱

发布燃尽柱可被视为更复杂一些的发布燃尽图（Cohn，2005，221～224)。虽然发布燃尽柱具备发布燃尽图的所有特性，但它们在以下两方面有所区别：一是在重新估算条目和燃烧工作量方面；二是在添加和移除产品待办列表条目方面。如果团队取得进展或减少其估算，柱的顶部会下移。如果团队增加估算，柱的顶部会上移。如果向产品待办列表中添加新条目，则柱的底部会下移。如果从产品待办列表中移出一些条目或者用更低工作量的条目取代现有条目，柱的底部就会上移。图 4.2 是发布燃尽柱的一个例子。

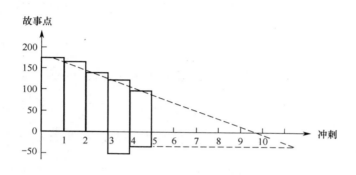

图 4.2　发布燃尽柱

图 4.2 所示的发布燃尽柱与图 4.1 所示的发布燃尽图对应的是同一个进程。区别是，我们可以更清楚地了解在第 3 个和第 4 个冲刺中出现了什么问题。柱的顶部下移，说明团队在这两个冲刺中都取得了进展。在第 3 个冲刺中，柱的底部下移，说明团队向产品待办列表添加了新的条目。在第 4 个冲刺中，柱的底部上移，说明团队从产品待办列表中移出了一些条目。请注意，第一个柱显示的是首个冲刺开始前的总工作量。图 4.2 中有一高一低两条虚线。高的那条代表燃尽趋势，其创建方式与发布燃尽图的燃尽趋势线相同。低的那条则代表当前 y 轴的零点基准。

4.7 发布计划

"计划什么都不是，持续不断的计划才是一切！"德怀特·D. 艾森豪威尔（Dwight D. Eisenhower）曾这样说。这句名言特别适用于发布计划。虽然在 Scrum 中并没有要求团队必须有一份正式的发布计划，但他们肯定需要计划发布活动。许多 Scrum 团队发现，将产品待办列表的条目分组到子集并使用发布燃尽图，就足以知道哪些功能将在哪个版本中交付。但是，对于大型 Scrum 项目，或者需要与其他项目、合作伙伴或供应商协作的项目来说，可能需要使用一份正式的计划。

发布计划就像一张粗略的地图，能够指引我们到达目的地。它预测了产品如何上市，以及软件在何时发布。发布计划是发布燃尽图的高级版本——或者是一种"放大"的燃尽图。它提供的信息比燃尽图更多，但也更复杂。发布计划的制订基于四个因素：产品待办列表条目、产品待办列表中的剩余工作量、速率和时间。发布计划并不是固定的。随着产品待办列表的演化，以及我们对工作量和速率的进一步理解，它也会发生变化。与发布燃尽图类似，最好在冲刺评审会议上通过大家的协作来制订和更新发布计划。

为了发挥发布计划的最大作用，我喜欢将每次发布中的功能
显示为主题或史诗。在发布计划中显示用户故事可能引入太多的
细节。（此方法不适合大型项目，稍后将对此进行解释。）发布计
划还有助于提供与他人合作所需的必要信息，并显示已知的对速
率有影响的变化（如团队组成或项目组织的变化）。表 4.2 展示了
一个发布计划的示例。

表 4.2　发布计划示例

冲刺	1	2	3	4	5	6	7	8
预测速率	N/A	12～32	18～28	21～28	11～18	16～23	21～28	21～28
实际速率	20	25	28					
依赖性			图像库					
发布				Alpha：通话、基本的文本信息 当前冲刺	Holidays	Beta：电话会议、图片信息		V1.0

在表 4.2 中，项目此刻处于第 4 个冲刺，并预计再过 4 个冲
刺交付 V1.0。每个冲刺周期为 2 周。在第 4 个冲刺后，将向指定
客户发布包含两个主题的 Alpha 版本。第 6 个冲刺后，将发布包
含另两个主题的 Beta 版本。虽然这些发布被称为 Alpha 版本和
Beta 版本，但实际上，它们的产品增量是符合完成标准的。在
第 8 个冲刺后，将交付 V1.0。该项目在第 3 个冲刺中完成了很多

工作。发布计划记录了实际速率，并对剩余冲刺做出了预测。

4.7.1 预测速率

为了预测速率，我们要采取以下步骤：如果开发的是一款新产品，或者团队成员之间以前从来没有合作过，又或者团队成员的组成发生了巨大的变化，那么，我们在预测速率前至少要观察一个冲刺，能观察 2～3 个冲刺更好。正如前面提到过的，可能在几个冲刺后速率才能稳定下来。然后，我们可以使用观察到的速率范围来预测剩余冲刺的速率。在表 4.2 所示的发布计划中，我们可以得出第 4 个冲刺的速率为 21～28 个故事点，均值为 24 个故事点。

或者，我们也可以使用表 4.3 来预测未来的速率（Cohn，2005，180），它与 Scrum 团队在表 4.2 的发布计划中所做的是一样的。

表 4.3 基于已完成冲刺数量的速率倍数

已完成的冲刺	低倍数	高倍数
1	0.6	1.60
2	0.8	1.25
3	0.85	1.15
4（或更多）	0.9	1.10

注：摘自迈克·科恩的《敏捷估算与规划》，已获得使用授权。

使用表 4.2 中的前三个冲刺的平均速率 24，分别乘以表 4.3 中的低倍数和高倍数，这样就可以得出 21～28 个故事点的速率范围。

一旦团队完成 5 个甚至更多的冲刺，我们的预测就更有把握（Cohn，2009，297～300）。假设我们现在处于表 4.2 中第 8 个冲刺的末期，希望预测团队在下一个发布中的速率。在已结束的冲刺中，速率分别为 20、25、28、26、16、20、26、26 个故事点。现在，我们舍去那些存在异常的冲刺——例如，团队中的一半成员都生病了，或者集成服务器坏了几天。然后，我们按照从小到大的顺序对各冲刺的速率进行排序，得出如下结果：16、20、20、25、26、26、26、28 个故事点。这时，我们就可以利用表 4.4 来判断未来的速率，并且准确率可达 90%。

表 4.4　在已排序的速率列表中，使用观测到的第 n 个最低值和第 n 个最高值，来找到准确率达 90% 的速率区间

观测到的速率	观测到的速率排序
5	1
8	2
11	3
13	4
16	5
18	6
21	7
23	8
26	9

注：摘自迈克·科恩的《Scrum 敏捷软件开发》，已获得使用授权。

由于已经完成了 8 个冲刺，所以我们在序列中选出第二高的

速率值。这样便得出 20～26 个故事点的速率范围，均值为 23 个故事点。我们确信，实际速率在此范围内的概率为 90%。

4.7.2 制订发布计划

一旦预测出速率，我们就可以用产品待办列表中的剩余工作量除以平均速率（或速率范围内的其他值），得出还需要多少个冲刺。然后，我们将已确定的冲刺数量映射至日程表，并考虑那些在预测速率时未考虑的、其他可能影响速率的因素。这些因素可能包括休息日、假期、培训与发展、病假，以及对项目组织进行的有计划的变更，例如，调整团队的构成等。然后，对每个冲刺的预测速率进行相应的调整。

让我们再看一下表 4.2 所示的发布计划。前 3 个冲刺的实际速率为 20、25 和 28 个故事点。每个冲刺的平均速率为 24 个故事点。通过乘以表 4.3 中的倍数，Scrum 团队可以预测出第 4 个、第 7 个、第 8 个冲刺的速率为 21～28 个故事点。发布计划还预计，在第 5 个和第 6 个冲刺中速率会有所下降，因为有几个团队成员要休假。

假设发布日期固定不变，如果产品待办列表中的工作无法在机会之窗内交付，我们可以选择减少功能，或者追加预算来为团队增加人手（例如，增加一位专家）。

我最喜欢用的记录和展示发布计划的工具就是放置在团队办公室中的白板。有的白板甚至装有轮子，可以推着它往来于不同的房间。当然，也可以使用电子发布计划，如电子表格。但是，无论使用何种工具，发布计划都应保持透明，要有利于促进 Scrum 团队与项目干系人间的交流。

4.8　大型项目的发布计划

大型项目的发布计划需要其他一些实践。包括：设定估算的通用基准；制订超前计划；使用"流水线"（如果不可避免）。

4.8.1　设定估算的通用基准

当几个团队对同一产品待办列表进行估算时，这些团队需要就他们的估算、故事点范围和每个数字的语义设定通用基准。否则，人们很难理解产品待办列表中到底包含了多少工作量。如果项目能够有组织地发展，通常会出现通用的估算方法。第一个团队创建原始的数据，这些数据对后期加入项目的团队有指导作用。如果项目从一开始就要求多个团队同时介入，那么就从每个团队中选出一位代表，召开一次联合估算研讨会，就语义的通用范围达成共识。

4.8.2　制订超前计划

要想帮助每个团队成功，同时又能优化整体项目的进程，我们需要做一些额外的工作。首先，我们必须规划好未来的 2～3 个冲刺，以了解接下来哪些产品待办列表条目会被处理（Cohn，2005，206；Pichler，2008，146）。这需要尽早分解和细化优先级较高的产品待办列表条目。

其次，我们要通过以下问题来识别团队之间的依赖性：他们需要处理同一个特性或组件吗？团队是否需要使用其他团队提供的特性或组件？如果需要使用，是否可以在同一个冲刺中既开发又使用相应的特性或组件？为了消除问题的依赖性，我们可能不得不改变产品待办列表的优先级别。例如，为了避免让两个团队在同一个冲刺中处理同一子系统，我们可以通过调整产品待办列表的优先级，将一些需求推迟到后面的冲刺，并将另一些需求提到前面的冲刺。在处理完问题的依赖性后，我们开始为每个团队分配工作量。团队是否会在下一个冲刺中超负荷工作？团队的潜能是否没有被充分发掘？如果回答是肯定的，我们可能要返回之前的步骤，并调整产品待办列表的优先级。

我们可能不得不反复这样做几次，才能在单个团队的需要和总体项目的需要之间找到最佳平衡点。一旦完成了这项工作，我们就可以为接下来的 2～3 个冲刺添加用户故事了。需要注意的是，这种方式并不影响对团队的授权。预测需求并不意味着团队要承诺按时完成它们。制订超前计划会带来更多的工作，但我们别无选择。不制订超前计划，我们犹如在黑暗的丛林中瞎跑，肯定会撞得头破血流。

4.8.3　使用流水线

流水线是我们最后的救命稻草。只有当所有的其他选项都失败后，你才能使用这一技巧。流水线将原本是一体的东西分割开来。它将一个产品待办列表条目分散到几个冲刺中完成（Larman，2004，251～253）。其工作原理是这样的：假设我们有 A 和 B 两个团队，团队 B 要基于团队 A 提供的组件进行开发。当我们进行超前计划时，我们发现，在同一冲刺中开发并使用该组件是完全不可行的。同时，我们还发现，很难通过进一步分解需求来减少工作量。最后，我们只能使用流水线来完成工作。我们要求团队 A 在下一个冲刺中开发组件，并要求团队 B 在下一个冲刺之后的冲刺中使用该组件来进行开发。

这听起来可行，但要实际这样做又会为我们带来一个问题：

在团队 A 完成其工作后，总体的进度完成了多少？我们如何才能确保，当团队 B 需要使用该组件时，它会如预期的一样可用？由于部分完成的工作不会获得任何故事点，所以，团队 A 的工作不会在发布燃尽图中体现出来，这样也就无法清晰地看到项目的进度。更糟糕的是，为了确保团队 A 在必要时能够交付组件，我们还不得不使用输入缓冲（Cohn，2005，208）。在开发组件时，一旦团队 A 的工作量超出预期，输入缓冲就可以起到应急作用。如有可能，尽量使用特性团队而不是组件团队，这可以减少流水线的使用。

4.9　常见错误

对于 Scrum 项目，在制订和执行发布计划时，需要避免以下错误：没有使用发布燃尽图或发布计划；产品负责人袖手旁观；采用爆炸式发布（一次性交付大量的功能）；牺牲质量。

4.9.1　没有使用发布燃尽图或发布计划

我曾经见过一些组织，它们习惯于提前制订非常详细的项目计划，并容易走向另一个极端，那就是不执行任何发布计划。只考虑从一个冲刺到另一个冲刺是很危险的，而且这很容易让你掉入"陷阱"。这会使评估项目的进展和正确地调整产品及项目变得很困难。发布燃尽图或发布计划是不可或缺的。而且要将其放在团队的办公室或项目的讨论页面，以便所有人都能看到。

4.9.2 产品负责人袖手旁观

产品负责人应积极参与发布计划的制订活动，而不应该将其推给 Scrum Master 或团队。与产品待办列表的梳理一样，发布计划也是一项高度协作的实践。这就要求产品负责人应全程参与制订活动。事实上，产品负责人应亲自推动发布计划的制订活动。作为项目的首要负责人和最重要的负责人，积极主动地指导项目符合产品负责人的最大利益。

4.9.3 采用爆炸式发布

如果你只从本章中学到了一条，我希望它是"尽早且频繁发布"。应尽量避免爆炸式发布，即在实现所有功能后再发布产品。这样做很难从客户和用户那里收集反馈，也不太可能开发出人们喜爱的产品。另外，这种方式还会带来其他问题。爆炸式发布意味着，在产品发布时，团队将第一次部署软件，这通常会增加团队成员的心理负担，甚至导致不能按时发布。

4.9.4　牺牲质量

产品负责人可能为了追求发布更多的功能而牺牲质量。毕竟，人们过去常常采用这种办法来加快进程。例如，走个捷径，减少测试，以及将文档工作推迟等。问题是，牺牲质量会使团队发布的产品更难维护和扩展，成本也会更高。是的，团队当前完成了更多的工作。但在未来几个月的时间里，这会使团队能够完成的工作变少。牺牲质量也会降低团队对工作成果的自豪感，埋没了优秀的工程实践和高水平的团队成员。团队必须设定完成标准，以说明产品增量需要满足的指标。产品负责人必须在每个冲刺评审中使用该完成标准进行验收。部分完成的工作或有缺陷的工作都是不被接受的。要通过为项目设置时间盒来简化发布计划，并建立一个稳定的创新节奏。

4.10　反思

为什么要等到正式发布后再查看市场反馈呢？应尽早且频繁地发布，同时要保证质量。从早期的客户和用户反馈中学习，并基于此改进产品。先发布产品，然后再把它做好。回答以下问题有助于合理制订发布计划：

- 固定时间和质量，在交付的功能数量上保持灵活性会产生哪些结果？

- 尽早且频繁地发布有何益处？需要做哪些工作？

- 以季度为周期来安排项目需要做哪些具体工作？

- 团队的速率如何？

- 你使用发布燃尽图或制订发布计划了吗？它们由谁来创建和更新？

第 5 章

冲刺会议中的协作

5

传说中，艺术家只需等待独创性的想法，然后就可以毫不费力地把它们变成惊人的杰作。但实际上，创新需要保持专注、努力工作和严守纪律。以著名的美国画家和摄影师查克·克洛斯（Chuck Close）为例。他的独家绝技就是根据照片作画，他将画布分成极小的方块，在每个方块内（类似像素）画上小波浪线。在近距离观看时，人们看到的是单个的形状。但如果走远一些，这些小的形状就会组成一幅素描。查克对自己的工作方式给出如下解释（Oberkirch，2008）：

> "我的画是渐进式完成的，一次一个单元，这种方式与其他方式没什么不同，在某种程度上，这和作家的工作方式没什么两样……渐进式工作的一个好处是我不必每天都重复工作。我就做我当天该做的事。你可以随时开始，

随时放下。我无须坐等灵感来袭。没有好日子或坏日子之
分，我每天都在前一天的工作基础上进行创作。"

幸运的是，Scrum 的工作方法也是渐进式的，即一步一步地
将产品上市，而且每个冲刺都建立在前一个冲刺的成果之上。冲
刺是由会议组成的。启动冲刺的是冲刺计划会议，Scrum 每日站
会为整个迭代提供了稳定的节奏，结束冲刺的是冲刺评审会议和
回顾会议。这些会议提供了互动、联系、分享和协作的宝贵机
会。Ript（一种可视化的规划软件）的产品负责人格里·莱伯恩非
常认可这一点（Judy，2007）：

"在开发 Ript 的这一年中，每两周一次的会议我只
错过一次。我有充分的理由出席这些会议——它们实在
太有趣了，我可以从中学到很多东西。"

本章是专门为产品负责人准备的。我想直接与产品负责人谈
谈他们在 Scrum 会议中的参与过程，并提供一些与团队高效合作
的技巧。

5.1 冲刺计划会议

在冲刺计划会议中，团队可以规划自己的工作，并对冲刺目

标做出承诺，从而为团队的自组织打下基础。作为产品负责人，你的责任是，确保在冲刺计划会议开始前梳理好产品待办列表——条目已按优先级排序且优先级高的条目已得到细化。在冲刺计划会议中，你要澄清需求并回答问题。

在冲刺计划会议中，你的任务是帮助团队搞清楚必须做什么。团队负责确定能够完成多少以及如何完成。你无权命令团队必须在冲刺中完成多少工作，或者代表团队确定任务。这些完全是团队的责任。团队应只对他们实际能够交付的工作量做出承诺。将每个冲刺的工作量限制在团队的能力和生产力范围内能够创造可持续的节奏："敏捷方法提倡可持续的开发。发起人、开发人员和用户应该能够一直保持稳定的节奏（Beck，2001）。"试图在一个冲刺中实现过于宏伟的目标所带来的收益是很有限的，而且会在下一个冲刺中把团队搞得筋疲力尽。Scrum 有利于在产品待办列表与冲刺之间建立顺畅、稳定的工作流。稳定比无法实现的野心更有价值；稳定是进行现实预测的前提条件。过大的压力会破坏大家的创造性和愉快的心情。

需要注意的是，承诺并不意味着保证。新团队可能需要 2～3 个冲刺来了解如何做出能够履行的承诺。此外，软件开发过程还充满了很多未知因素；不确定性、风险与创新紧密相连。根据墨菲定理："凡事只要有可能出错，就一定会出错。"风险可能变为现实，问题可能永远无法被迅速解决。无法实现冲刺目标的情况有可能发生，但这应属于意外情况。如果确实发生了，就要通过冲刺回顾会议来找出问题的根源并制定改进措施。

5.2 定义"完成"

团队如何知道工作已"完成"了呢？作为产品负责人，你又如何判断条目是否已成功完成？解决方案是，对完成的定义（每个增量必须满足的标准的描述）达成一致。完成标准通常要求，将产品待办列表的条目转化为经过仔细测试和充分记录的可工作的软件。所以，需求的实施、测试和记录都要在同一个冲刺中完成。但"愿景冲刺"是个例外，其目标不是开发可交付的软件，而是产生相关的知识，以创建产品的愿景。这种冲刺有其独特的完成标准。

在第一个冲刺开始前，你应当与 Scrum Master 和团队碰头，共同制定一个完成标准，用来说明每个增量必须满足的属性。在我经历的一些项目中，完成标准还包含了一些特定的目标——例如，需要完成多少次单元测试。一旦所有人对完成的定义达成共识，就应将其记录下来，并在整个项目中使其可见。

5.3　Scrum 每日站会

Scrum 团队通过每日站会管理工作并发现问题。作为产品负责人，你应尽可能地参加该会议。这是一个让你了解项目进展，以及团队是否需要帮助的好机会（例如，你可能需要回答一些问题，检查工作成果或者帮助团队移除障碍）。你还可以分享信息，使团队明白你正在做什么以及接下来打算做什么。这将为团队提供一些有关发布级别和项目外围活动的有用信息。

在参加 Scrum 每日例会时，注意不要干扰团队的自组织。不要给团队定义或分配任务，也不要对个人的进展做出评价（包括用肢体语言表达的评价）。如果你关心项目的进展情况，那么在表达观点时要使用建设性的方式，最好用提问的方式。例如，如果你关心冲刺目标是否能够实现，你可以这样说："我注意到，冲刺燃尽图显示还有很多工作没有完成，你们对此担心吗？"通过提问来引起团队的关注，同时将解决问题的自由留给团队。

障　碍

问题如果得不到处理，就会像角落里的蘑菇那样疯

长。这也是 Scrum 强调障碍管理的原因——识别并处理
那些可能阻碍进度和损害项目的问题。团队成员在
Scrum 每日站会中将障碍提出来，Scrum Master 要保证
尽快处理这些障碍。虽然解决问题可能放慢项目的进展
速度，但避免了在后期出现更大的问题或耽搁更长的时
间。"问题就是财富，"精益管理专家帕斯卡·丹尼斯
（Pascal Dennis）这样写道，"它们为我们提供了学习
和改进的机会（2006，19）。"

5.4   冲刺待办列表和冲刺燃尽图

冲刺待办列表包含实现冲刺目标的所有必要活动。团队在冲
刺计划会议上创建冲刺待办列表，并定期（至少每天更新一次）
更新冲刺待办列表。在更新过程中，团队可以添加新活动或移除
不再需要的活动；团队还要记录每个任务的剩余工作量。我喜欢
在团队办公室中放一个所有人都能看到任务板，以展示冲刺待办
列表和冲刺燃尽图。冲刺燃尽图可以使团队了解冲刺的进展情
况，以及实现冲刺目标的可能性。团队可以根据了解到的情况来
相应地调整工作。

冲刺待办列表和冲刺燃尽图主要为团队服务，因为它们促进

了团队的自组织。当然，它们对产品负责人也有帮助，可以帮助你判断团队是否能按其承诺如期交付。但是，两者都不是向干系人汇报的机制。如果干系人（如客户和管理层）对冲刺的进度感兴趣，那么欢迎他们以静默观察员的身份参加 Scrum 每日站会或冲刺评审会议。

5.5　冲刺评审会议

冲刺评审会议对我们开发成功的产品起着促进作用。它为 Scrum 团队提供了一个机会，使团队与干系人协作，调查产品到目前为止的实际开发情况，并决定前进的方向——而不是假设一切都在按计划进行。干系人包括来自市场、销售和服务方的代表，以及客户和用户。Primavera 公司是一家项目、项目集和项目组合管理软件的解决方案供应商，我曾与这家公司的客户有过一次对话，该客户参加过公司的冲刺评审会议。他认为会议很有价值，也喜欢会议的透明度，并对有机会影响产品的开发深感荣幸。需要注意的是，应尽量减少冲刺评审会议的前期准备工作。会议应该是低调的，而不是作秀。团队尽量避免书面报告，也不要使用幻灯片这类工具。会议的目的不是制造惊喜或给人留下深刻的印象，而是提供透明度，并且对产品进行检查和调整。

作为产品负责人，你在该会议上的任务就是宣布会议开始，然后比较产品增量与冲刺目标，比较实际进展与最终目标，以确定项目的进展。要确保仔细检查了产品增量，并接受或否决团队承诺完成的每个产品待办列表的条目。最好的方式就是拿起键盘，做一些测试。不要忘了，只接受那些符合完成标准的待办列表条目；如果条目属于用户故事，那么，只有满足了验收标准的用户故事才能被接受。绝不能接受部分完成或有缺陷的条目。这样的条目价值为零，要将其放回产品待办列表。请记住，把部分完成的工作计入进度将导致发布燃尽图出现异常。

当你向团队提供反馈时，确保团队能够获得清晰且有建设性的信息。尊重团队的努力和善意。做到坦诚直率。当你对团队取得的成绩感到满意时要奖励他们。当你感到失望时也要直言不讳。在你提供反馈时，务必牢记一点：交付冲刺目标是团队的工作。因此，要始终强调团队，而不是个人。尊重 Scrum 团队中的伙伴，注意自己的意图和行动，并问问自己应该如何帮助团队发展。

在确定进展后，针对产品增量，向干系人征求反馈。他们是否喜欢这些产品？产品需要得到哪些调整才能成功？产品愿景是否仍然有效？是功能太多了，还是功能有遗漏？某个特性的实现是否不正确？是否应调整产品的外观和触感？如果答案是肯定的，理由是什么？此时，如果发现了新的需求，或者产品待办列表的某些条目变得多余，都是很正常的事。值得注意的是，干系人的反馈可以让你和团队通过他们的视角看待产品增量，以减少群体思维的危害。要想获得高质量的反馈，就要对干系人的期望进行管理。向他们解释清楚：早期的产品增量可能与最终产品只有很少的相似之处；新提出的想法和需求应该支持产品愿景；根据这些想法和需求的优先级，干系人可能要等待 1～2 个冲刺才能看到它们被实施。

及时评审

作为产品负责人，你不必等到冲刺评审会议才对工作成果提供反馈。随着工作成果在冲刺中不断涌现，进行及时评审并提供反馈都是有帮助的。这使团队有机会在冲刺中调整工作成果（如果有必要的话）。如果冲刺中的产品待办列表条目小到团队在几天内就可以完成，及时评审就可以发挥其最大的效力。

5.6 冲刺回顾会议

通过冲刺回顾会议，Scrum 团队可以检查工作过程，识别问题，找出问题的根本原因，并发现能让工作更有效、更愉快的改进措施。有一句德国谚语很好地诠释了回顾会议的中心思想：Selbsterkenntnis ist der erste Schritt zur Besserung，意思是"反省是迈向改进的第一步"。

产品负责人要定期参加冲刺回顾会议。参加会议能让你有机会提出改进措施，并巩固与 Scrum 团队成员之间的关系。一位客户的冲刺回顾会议给我留下了深刻的印象。在冲刺评审会议中暴露出一件事情，那就是产品负责人的期望与团队的期望之间存在差距。结果，产品负责人拒绝了团队的大部分交付成果。团队成员感到很委屈，因为他们觉得自己的工作做得不错；产品负责人则对团队很失望。接下来，我们进行了一次冲刺回顾会议，消除了误会并分析了发生的事情，最终找到了问题的根源。通过对实际情况进行有建设性的讨论，Scrum 团队发现了两项重要的改进措施：产品负责人应尽量多花一些时间与团队在一起；团队成员应帮助产品负责人梳理产品待办列表。如果产品负责人不出席冲刺回顾会议，团队没准还在疲于寻找正确的措施呢！

要想使改进能够持续，团队成员必须意识到三点：①即使是最优秀的团队，也可以做得更好；②专注于最掣肘团队的事情；③要发现问题的根源。所有的改进措施必须是可行的，并能够在下一个冲刺中得到实施。如果改进措施的规模很大，例如，要购买和安装一台新的开发服务器，则可以把它添加至产品待办列表。

5.7　大型项目的冲刺会议

虽然大型项目也要遵循 Scrum 会议计划，但必须对会议进行调整。本节将讨论这些必要的调整。

5.7.1　联合冲刺计划会议

由多个团队参加的冲刺计划会议需要更多的前期准确工作。这些工作包括扩展梳理范围、制订超前计划等（已在第 3 章和第 4 章讨论过）。我发现，在大型项目中，如果所有团队（或至少是团队代表）能够在冲刺计划会议开始时聚在一起，讨论、理解并共同制定总体冲刺目标，将为项目带来很多益处。当团队各自执行了自己的冲刺计划活动后，最好让团队再重新聚在一起，以便大家了解该冲刺中的全部项目计划。

5.7.2　Scrum of Scrums 会议

通过 Scrum of Scrums 会议，在整个冲刺过程中，多个团队每天都可以进行协调。在各个团队的 Scrum 每日站会结束后，团队派代表参加 Scrum of Scrums 会议，共同讨论工作现状、工作计划及团队之间的依赖性（Schwaber，2007，72）。要注意，这种会议的本质是战略性的。它无法取代冲刺的前期工作，如制订超前计划。

5.7.3　联合冲刺评审会议

与一两个团队，再加上客户、管理层和其他干系人共同召开一次高效的冲刺评审会议，这无疑是个很有挑战性的工作。如果有 5 个、10 个或更多的团队参与，就更难保证大家对进度和下一步的计划达成共识了。Primavera 公司的冲刺评审会议通常涉及 15 个团队，它们找到了一种组织会议的好办法。作为 Primavera 公司开发部的前副总裁，鲍勃·舒赫兹（Bob Schatz）这样解释："我们的冲刺评审会议非常像学校的科学展览。每个团队都要搭建一个展台，以展示他们的工作成果。最终用户、干系人和一些来自公司其他部门的人员组成了多个小型评审团队。每个评审团队会从不同的展台出发。我们进行了 15 分钟的迭代，让评审团队从一个展台移动到另一个展台。这是一个充满活力、令人激动、也乐趣十足的工作环境（Schatz，2009）。"让各个团队和干系人聚在同一个房间是一种很棒的方式，每个人都能互相了解并分享知识。如果不能在公司内举行这样的活动，可以考虑换个地方，如专业的会场。如果不能确保每次评审会议都这么做，至少应每隔一次评审会议做一次。

5.7.4　联合冲刺回顾会议

在大型项目中，即使团队各自独立进行冲刺回顾会议并实施改进措施，项目也能受益。但这还不够。要想达到最佳效果，团队还要分享彼此的见解并制定共同的改进措施。联合冲刺回顾会议能帮助团队做到这一点。召开联合冲刺回顾会议的一种方式是邀请各团队的代表参加。这种方式虽能促进跨团队的交流，但不能发挥所有项目成员的创造力和智慧。另一种方式是邀请所有团队参加。这样的冲刺回顾会议虽代价高昂——可能要花上半天甚至更长时间，但可以充分发挥团队的集体智慧，并让团队成员有机会互动，以加强团队的内部联系。开放空间技术是管理联合冲刺回顾会议的一种非常有效的方式（Owen，1997）。在使用开放空间技术时，项目成员围绕问题领域进行自组织并确定改进措施。值得注意的是，我们可以将这两种方式有效结合。例如，组织可以选择将各团队代表参加的冲刺回顾会议作为默认方式，并每隔 3 个冲刺召开一次全员参加的冲刺回顾会议。

5.8　常见错误

作为产品负责人，如果能避免下面这些常见错误，就能与 Scrum Master 和团队建立一种紧密且互相信任的协作关系：蹦极型产品负责人，被动型产品负责人，冲刺不可持续，障眼法，用冲刺燃尽图做汇报。

5.8.1　蹦极型产品负责人

蹦极型产品负责人会出席冲刺计划会议，然后消失不见，直到召开冲刺评审会议时他才再次出现。蹦极型产品负责人在冲刺过程中与团队的协作相当有限或者根本没有，甚至团队成员很难通过电话或邮件联系到他。有时，为了让团队能够继续前进，Scrum Master 或某位团队成员会填补空缺，充当代理产品负责人的角色，但他们无法帮助团队解决根本性问题。作为产品负责人，你对产品的成功起着最关键的作用。因此，你必须将产品负责人的职责放到最重要的位置。你应该花足够的时间与团队在一起，以回答团队的问题，检查工作或排除障碍。

5.8.2　被动型产品负责人

团队办公室内座无虚席。产品负责人、Scrum Master、团队成员、用户及一些部门经理都在盯着电脑屏幕。电脑前的测试人员卖力地解释着自己正在演示的功能。产品负责人看起来相当难受，身体迟缓地从屏幕前移开。他偶尔点点头说："好的。"十分钟后，演示结束。Scrum Master 看着产品负责人问："你对刚才看到的结果感到满意吗？"产品负责人又点了点头："做得不错。"然后，他起身离开了房间。其他 Scrum 团队成员面面相觑。"是时候开始回顾了。"Scrum Master 宣布。

我希望这个小故事是我虚构的。我更希望我只见过一次。遗憾的是，我曾多次目睹：产品负责人在冲刺评审会议上只充当一位被动的旁观者。但是，这个会议并不是一场让你观看的表演。会议的目标是，大家共同找出要完成的必要工作，最大限度地创建一个成功的产品。作为产品负责人，你必须积极主动地参与会议，以确保产品朝着正确的方向发展。

5.8.3　冲刺不可持续

"不同冲刺之间不应有间断。新的冲刺应该在前一个冲刺结束后的第二个工作日就开始。"我这样解释。一位与会者举手提问："但团队如何才能恢复状态？""他们不需要。"我回答。人们的表情黯淡，有些人开始摇头。我接着说："你必须确保团队有权选择合适的工作量，也就是实际能转化为产品增量的产品待办列表条目的数量，不要让团队超负荷工作，甚至精疲力竭。"

开发产品好比跑马拉松。如果你想到达终点，就必须选择稳定的步伐。很多产品负责人都会错误地向团队施加过多的任务。这可能提高短期速率，但是并不可持续。实际上，这样做会事与愿违。冲刺变成了"死亡"之旅；人们很快就会精疲力竭，然后病倒，甚至离开。作为产品负责人，你必须尊重给团队的授权——不管发布燃尽图的状态如何。如果进展过于缓慢，就召集大家共同找出一个有创造性的、健康的解决方案，而不是强迫大家加班加点。

5.8.4 障眼法

我儿时最美好的记忆就是去社区的游乐场游玩，那里有各种供骑乘的游乐设施和各种表演。有一个景点给我留下了深刻的印象：一个由镜子组成的迷宫，它会折射出奇怪的画面，并制造幻象。在冲刺评审会议上，绚丽多彩的 PPT，或者团队展示的不符合完成标准的工作成果，都可能成为某种迷宫。我们无法见到事物的本来面目，我们会在幻觉中迷失。所有这一切都是一些障眼法。为了提升透明度，要鼓励团队在冲刺评审会议上实事求是——无论谁在房间里。（允许团队只展示他们认为符合完成标准的工作成果。）

5.8.5　用冲刺燃尽图做汇报

有些公司在项目进度会议上使用冲刺燃尽图来做项目报告，或者将其提交给高层领导者。两者都错误地利用了这一工件。冲刺燃尽图的主要目标是，帮助团队每日检查工作进展并调整工作。它不是进度报告。把冲刺燃尽图当作报告工具，实际上将它变成了一种控制方法。领导者要求查看冲刺燃尽图是一种缺乏信任的表现。作为产品负责人，你可以通过邀请干系人参加 Scrum 每日站会和冲刺评审会议来解决这个问题。并且，在沟通进度时只使用发布燃尽图或发布计划（如果根本问题在于需要更多的检查和调整，团队应考虑缩短冲刺周期）。

5.9　反思

作为产品负责人，你指导并影响着团队。你的所作所为非常关键。你要经常反省自己的目的和行为。要成为团队的一员。要保持开放和支持的态度。同时，要坚定不移，勇于在冲刺会议上提供棘手的反馈。回答以下问题有助于反省你的行为：

- 在冲刺计划会议上，你如何既帮助团队还不破坏团队的自组织？

- 你如何有效地参与 Scrum 每日站会？

- 你如何与团队紧密协作，为工作成果提供早期反馈？

- 你如何让冲刺评审会议变得更高效和更有趣？

- 你参加过冲刺回顾会议吗？如果没有，怎样才能参加？能带来哪些好处？

第 6 章

转型为产品负责人

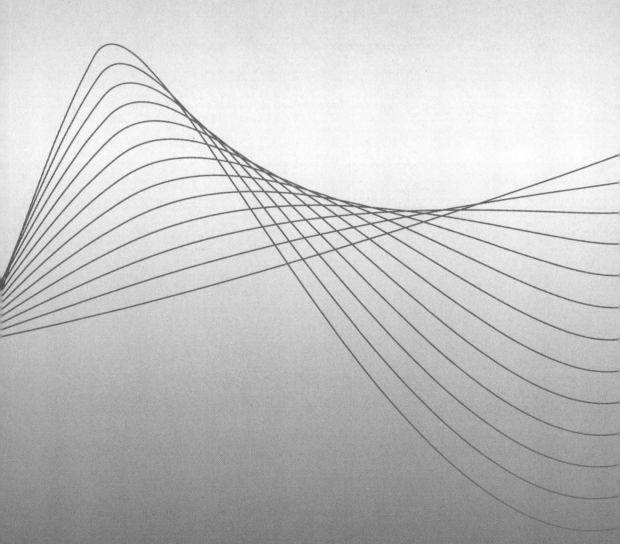

当我遇到第一次担任产品负责人的保罗时，他问我："哪些工作是我必须做的？需要多少时间？"保罗问这个问题的目的是，想再次确认自己的日常职责。他不确定自己要投入多少时间，也不知道能否得到上级的支持。不只保罗，许多产品负责人新手都不清楚他们的职责，也不清楚如何更好地转型为这个新角色。的确，初次担当产品负责人很有挑战性，为此，个人和组织都需要做出改变。这些改变可能很困难，甚至很痛苦。本章主要针对两类读者：1）正在进行角色转换的管理者；2）正在指导 Scrum 实践的管理者。要想更全面地学习 Scrum 转型实践，可以参考施瓦布（2007）和科恩（2009）的相关书籍。

6.1　成为优秀的产品负责人

成为优秀的产品负责人，需要投入时间，也需要奉献精神。本节将帮助你进行角色转换，并更好地履行这个角色。

6.1.1　认识自我

成为优秀产品负责人的第一步是，认清"你是谁"，以及你希望如何发展自己的职业生涯。将你已有的技巧和能力与产品负责人的职责进行对比，明确这个新角色对你来说有哪些困难或难以适应的方面。

正如第 1 章所提到的，产品负责人是多面手。找到具备所有技能的产品负责人并不容易，甚至是不可能的。不过，你可以通过学习来弥补自己在知识和技能方面存在的差距。以约翰为例，他在与客户互动和制定产品路线图方面有丰富的专业知识，但在编写优秀的用户故事和制订发布计划方面缺乏经验。同样，简在编写需求方面有着丰富的经验并熟悉发布计划，但在创建产品愿景方面缺乏专业知识。二人都需要巩固自己的优势，弥补自己的劣势。丽萨·阿金斯（Lyssa Adkins）——《创建敏捷团队》的作者——为产品负责人新手提供了一些建议，如表 6.1 所示。

表 6.1 产品负责人的六大"应该与不应该"

应 该	不 应 该
说明需要做什么	说明如何做或做到什么程度
激励团队	逼迫团队
关注如何建立高绩效团队	关注短期交付
践行以商业价值驱动的做法	不论发生什么都固守最初的范围和方法
保护团队，使其不受外界干扰	担心团队发生变化，直到最终真的发生
合并冲刺之间的变更	对冲刺的变更视而不见

6.1.2 成长壮大

认清自己的最大发展潜能在哪里，以选定正确的培训措施。通过参加 Scrum 产品负责人培训课程，来快速获取相关的知识。但这并不够。作为产品负责人，你要将敏捷工作精神植入脑海，并将 Scrum 价值观融入生活：致力于产品和团队；专注于产品负责人的工作；开放坦诚并鼓励透明度；尊重与你互动的人；勇于做正确的事并正确地做事（Schwaber 和 Beedle，2002）；成为一位团队合作者，信任你的 Scrum 团队成员。

给自己留出一些时间来适应这个角色。不要强求自己在一开始就将工作做得尽善尽美；犯错也是学习过程的一部分。要有耐心，但永远不要自满。在产品负责人的实践中，你能更清晰地看到自己的强项和弱项。通过冲刺回顾会议，从 Scrum Master 和团队那里收集他们对你的反馈，然后做出相应的调整。

6.1.3　找个教练

除了参加培训课程和阅读有关 Scrum 的书籍，产品负责人新手还可以找个教练来帮助自己提高。教练就像一面镜子，能让产品负责人新手更清晰地看到自己言行所产生的影响。我们以本章开头提到的保罗为例。当我开始担任保罗的教练时，他还不太习惯与开发团队紧密协作。保罗在冲刺评审会议中感到特别不舒服，要么提供过于严厉的反馈，要么不自然地保持沉默。直到我指出来，保罗才意识到自己的行为。当保罗注意到这个问题后，我们共同探讨了如何让评审会议变得更有效及更有趣。有一个原则对保罗特别有帮助：对待问题要强硬，对待人要平和。在讨论后，保罗开始以建设性的方式处理问题，并公开赞许团队的良好意愿和所付出的努力。

另一种有效的教练方式是学徒制。以我的一个客户为例。莎拉是某个业务部门的领导者，接手了产品负责人这个角色，负责一款新产品的首次发布。她很快就意识到：自己没有足够的时间长期担任产品负责人。在项目开始后不久，莎拉邀请了一位团队成员（汤姆）担任她的助手（参与这个项目）。这让汤姆有时间摸清产品负责人的门道。在首次发布成功后，莎拉将产品负责人的角色平稳地移交给了汤姆。

6.1.4 确保得到适当管理层的支持

产品负责人要想高效地开展工作，离不开管理层的信任和持续支持。视组织和情况的不同，所谓的管理层可以是负责产品管理的副总裁、业务部门的领导者、领导团队或 CEO。为了获得必要的管理层关注和支持，你需要让管理层意识到这个角色的重要性以及权力和责任范围。如果没有来自适当管理层的支持，你就会缺乏权力，也就很难做好工作。

6.1.5 "革命尚未成功"

作为产品负责人新手，在工作了几个月，并克服了最初的障碍后，你会感觉踏实了不少。做到这一点很不简单，但千万不要故步自封。定期反思自己的工作能使你不断成长和发展。听取 Scrum 团队成员的反馈，尽快填补知识和技能方面的空白。加入产品负责人社区是一种很好的提升自我的方式。你可以与其他产品负责人建立联系，交流想法和经验，分享知识，确定最佳实践（如产品负责人工作坊）。

6.2 培养优秀的产品负责人

在产品负责人勇于担当的同时，负责 Scrum 导入的管理者还要做更多的工作，以营造有利于产品负责人成长的环境。本节将讨论领导者或管理者应完成哪些任务才能实现这个目标。

6.2.1　重视这一角色

高层管理者必须认识到产品负责人角色的权力、职责及对组织的影响。这样做不仅对敏捷产品管理非常重要，对成功运用 Scrum 也非常关键。施瓦布认为（2007）：

> "直到最近，我才将（产品管理与产品开发的）
> '关系'视为 Scrum 导入的众多变革之一。现在，我
> 将其视为最重要的变革，视为敏捷导入的最关键环节。
> 只有这个变革成功，Scrum 才会长久，效果才会逐步显
> 现。如果这个变革失败了，Scrum 也会分崩离析。"

6.2.2　选择合适的产品负责人

在选择产品负责人时，必须慎之又慎。作为管理者，你不仅要考虑产品负责人的理想特征（如第 1 章所述），还要考虑产品、范围和项目规模等因素。因此，负责某个产品的优秀产品负责人未必适合另一个产品。此外，公司要有一套自己的选择产品负责人的方式。例如，在 Salesforce 公司，产品负责人的角色由产品经

理来担任，隶属于同一部门。在 mobile.de 公司，产品负责人的角色由业务部门的人员来担任，每个业务部门负责一组产品或产品特性。这与 Scrum 的原则一样：实践是检验真理的唯一标准。如果组织运行了多个 Scrum 项目，一定会涌现出一种选择产品负责人的通用方式。

6.2.3　授权并支持产品负责人

产品负责人新手需要时间、信任和支持来适应这一新角色。在你第一次担任产品负责人时，难免会犯错，例如，没有邀请干系人参与，打断冲刺进程等（这也是学习过程的一部分）。作为高层管理者，你可以通过提供正确的培训和教练来让学习曲线更平滑一些。弗莱和格林在总结他们在 Salesforce 公司的工作经验时说："尽早培训产品负责人，并让他们沉浸到敏捷原则、开发产品待办列表、设计用户故事、估算和计划中，这对敏捷团队的成功有着至关重要的作用。同时，除了尽早培训，还要持续对产品负责人进行教练，这有助于将这一新流程融入公司的文化。"他们还建议："要寻求专业帮助。外部教练有丰富的经验，可以先于你发现问题，并有助于向经历过类似转型的组织学习。"

你不仅要为产品负责人提供足够的培训，还要将权力下放给产品负责人，并保证产品负责人有充足的时间来完成工作。例如，如果产品负责人无权决定是否将某个特性当作发布的一部分来交付，他很快就会在 Scrum 团队成员和干系人面前威信扫地。请注意，产品负责人的工作通常是全职的。如果担任此角色的人员超负荷工作，项目肯定会受到伤害。将产品负责人从其他职责中解放出来，确保他能够全身心地投入他的项目。

6.2.4 持续运用产品负责人

可持续的产品负责人制度要求开发必要的组织能力，以培养和发展产品负责人。不仅要让组织理解这一点，还应制订一个全面的产品负责人发展计划，并建立产品负责人社区。在制订发展计划时，有一种很棒的方式：利用产品负责人的集体智慧，即邀请所有产品负责人参与计划的制订，例如，通过定期举办产品负责人工作坊来找出最佳实践和改进措施。

有时，组织变革是建立完备的产品负责人制度的必要条件。以 CSG Systems 公司为例，这是一家提供软件解决方案的客户关系管理公司，毛里西奥·萨莫拉（Mauricio Zamora）是 CSG Systems 公司的执行董事长，他对公司的方案有如下解释（Leffingwell，2009）：

> "我们首先让大家明白传统的产品管理、敏捷产品负

责人、架构师之间的区别。然后，让管理层相信产品负责人需要得到更多的关注。由于敏捷方法的透明性，我们能更容易地发现和处理产品负责人制度中日益明显的差距。最终，我们还要重新审视和修订组织的岗位名称，找出补偿办法，因为产品负责人角色还不能很好地匹配现有的组织结构。"

其他组织变革还有：创建新的职业发展路径及调整原有的标准，修改员工的选拔标准及制订新的发展计划。对于一些公司，可能还要引入新的组织结构。

6.3　反思

有效地运用产品负责人角色不仅可让敏捷产品管理运作起来，对于运用这一角色的个体和组织来说，这也是一个学习的过程。如果你正在向产品负责人转型，需要关注以下问题：

- 你觉得成为这个角色会遇到哪些困难？
- 如何获取必要的知识来为自己创造良好的开端？
- 作为产品负责人，谁能帮你成长和发展？
- 你能联系上公司的其他产品负责人吗？

在选择和发展产品负责人时，在 Scrum 导入过程中，高层管理者都起着至关重要的作用。高层管理者为了在组织中创建产品负责人角色，需要关注以下问题：

- 产品负责人角色对组织有何影响？
- 对于成功的产品负责人来说，最关键的因素是什么？
- 如何帮助产品负责人胜任他的工作？
- 公司如何持续、高效地运用产品负责人？